高职高专规划教材

BIM 模板工程实务模拟

刘　彬　余春春　主编

中国建筑工业出版社

图书在版编目（CIP）数据

BIM 模板工程实务模拟/刘彬，余春春主编.—北京：中
国建筑工业出版社，2019.6（2022.7重印）
高职高专规划教材
ISBN 978-7-112-23613-8

Ⅰ.①B… Ⅱ.①刘… ②余… Ⅲ.①建筑设计-计算机
辅助设计-应用软件-高等职业教育-教材 Ⅳ.①TU201.4

中国版本图书馆 CIP 数据核字（2019）第 070609 号

本书共分 3 个单元，内容包括概述，模板工程基本知识，BIM 模板工程软件应用。

本书可作为职业院校建筑类专业的教学用书，也可作为 BIM 方向实训教材，还可作为 BIM 入门读者的自学资料与素材。

为便于本课程教学，作者自制免费课件资源，请发送至10858739@qq.com 索取。

责任编辑：朱首明 刘平平

责任校对：张 颖

高职高专规划教材
BIM 模板工程实务模拟
刘 彬 余春春 主编
＊
中国建筑工业出版社出版、发行（北京海淀三里河路 9 号）
各地新华书店、建筑书店经销
北京佳捷真科技发展有限公司制版
北京建筑工业印刷厂印刷
＊
开本：787×1092 毫米 1/16 印张：8 字数：169 千字
2019 年 6 月第一版 2022 年 7 月第三次印刷
定价：**29.00** 元（赠课件）
ISBN 978-7-112-23613-8
（33900）

《BIM 模板工程实务模拟》编写名单

主　　编：刘彬、余春春

编写组名单：

刘彬（浙江建设职业技术学院）

余春春（浙江建设职业技术学院）

陈小亮（杭州市市政工程集团有限公司）

沈坚（浙江万兴工程咨询有限公司）

饶平平（上海理工大学）

王永泉（南京工程学院）

邓于莘（闽西职业技术学院）

刘健（新疆农业大学水利与土木工程学院）

罗桂发（柳州铁道职业技术学院）

庞进红（广西生态职业技术学院）

徐林（广西水利电力职业技术学院）

郑艳（重庆房地产职业学院）

左彩霞（重庆房地产职业学院）

前　　言

目前我国正进行着世界上最大规模的基本建设,建筑业已经成为国民经济的重要支柱产业。基本建设是复杂的系统工程,它需要不同专业、不同层次、不同特长的技术人员与之配合,尤其是对工程质量起决定性作用的建筑工程一线技术人员的需求更为迫切,而落实先进技术、保证工程质量的关键又在于高素质的一线技术人员的培养。最快捷的人才培养方式是专业教育,为适应建筑业高素质、高技能人才培养的需要,在以就业为导向的能力本位教育目标下,我们与教育、企业和行业的专家长期合作,进行了 BIM 模板工程实务模拟相关的教学研究和教学改革,致力于开发建设为高技能技术人员培养服务的能力训练课程,现已完成配套教材的编写。

本书打破传统施工技术类教材的理论体系,采用“任务驱动教学法”的编写思路。本书以模板工程实务模拟为任务目标,先讲解模板工程的认知和模板工程专项施工方案的设计要点、具体编制方法等专业知识,作为学习准备;再以 BIM 模板工程软件在实际工程中的应用作为切入点,坚持项目导向、任务驱动,向后拓展到方案优化、方案编制和成果输出,使学习者能够高效地掌握 BIM 模板工程设计、施工方案编制的技能并应用到实际工程中去。内容紧扣国家、行业制定的最新规范、标准和法规,充分结合当前模板工程实际设计和施工,具有较强的适用性、实用性、时代性和实践性。

本书由浙江建设职业技术学院刘彬、余春春担任主编;杭州市市政工程集团有限公司陈小亮、浙江万兴工程咨询有限公司沈坚、上海理工大学饶平平、南京工程学院王永泉、闽西职业技术学院邓于莘、新疆农业大学水利与土木工程学院刘健、柳州铁道职业技术学院罗桂发、广西生态职业技术学院庞进红、广西水利电力职业技术学院徐林、重庆房地产职业学院郑艳、左彩霞担任参编。

本书项目案例由杭州品茗安控信息技术股份有限公司提供。

本书在编写过程中得到了许多相关单位领导、专家的大力支持和帮助,在此表示由衷的感谢!由于编者水平有限,书中难免存在诸多不妥之处,恳请读者批评指正!

目　　录

1 概述

近几年来，我国基本建设成倍地增长。高层、大跨度建筑也越来越多，但是由于对高层、大跨度建筑认识不足，支模的技术也不能匹配，导致在混凝土浇筑过程中出现的质量安全事故屡见不鲜。究其原因，实际施工时存在无方案、无设计、无交底、无技术安全措施，由操作人员盲目的按照固有经验进行安装，而无任何理论依据。模板工程施工之所以出现上述这些情况，是因为模板工程的设计及方案的编制繁琐且难度很大。本教材就是教大家如何编制模板工程专项施工方案。

1.1 模板工程专项施工方案编制背景

1.1.1 模板工程专项施工方案编制背景

据《危险性较大的分部分项工程安全管理规定》（住房城乡建设部令第 37 号）的规定，施工单位应当在危大工程施工前组织工程技术人员编制专项施工方案。对于超过一定规模的危大工程，施工单位应当组织召开专家论证会对专项施工方案进行论证。实行施工总承包的，由施工总承包单位组织召开专家论证会。专家论证前专项施工方案应当通过施工单位审核和总监理工程师审查。

建办质〔2018〕31 号住房城乡建设部办公厅《关于实施〈危险性较大的分部分项工程安全管理规定〉有关问题的通知》中在危险性较大的分部分项工程范围中的第二条对模板工程及支撑体系进行了规定。

（1）各类工具式模板工程：包括滑模、爬模、飞模、隧道模等工程。

（2）混凝土模板支撑工程：搭设高度 5m 及以上，或搭设跨度 10m 及以上，或施工总荷载（荷载效应基本组合的设计值，以下简称设计值）10kN/m² 及以上，或集中线荷载（设计值）15kN/m 及以上，或高度大于支撑水平投影宽度且相对独立无联系构件的混凝土模板支撑工程。

其中，当建设工程施工现场混凝土构件模板支撑高度超过 8m，或搭设跨度超过 18m，或施工总荷载大于 15kN/m²，或集中线荷载大于 20kN/m 的模板支撑系统称之为高大模板支撑系统。

（3）承重支撑体系：用于钢结构安装等满堂支撑体系。

以上三类的模板工程及支撑体系非常常见，因此，大多数的项目都需编制模板工程专项施工方案。

1.1.2　模板的作用、组成及基本要求

模板是使钢筋混凝土构件成型的模型。已浇筑的混凝土需要在此模型内养护、硬化、增长强度，形成所要求的结构构件。

模板体系是指由面板、支架和连接件三部分系统组成的体系，可简称为"模板"。

其中，面板是指直接接触新浇混凝土的承力板，包括拼装的板和加肋楞带；支架是指支撑面板用的楞梁、立柱、连接件、斜撑、剪刀撑和水平拉条等构件的总称；连接件是指面板与楞梁的连接、面板自身的拼接、支架结构自身的连接和其中二者相互间连接所用的零配件。包括卡销、螺栓、扣件、卡具、拉杆等。

对模板工程的基本要求如下：

（1）保证模板及支撑体系具有足够的承载能力、刚度和稳定性；

（2）保证构件的形状、几何尺寸及构件相互间尺寸正确；

（3）安拆方便；

（4）接缝不得漏浆。

1.2　模板工程专项施工方案内容

1.2.1　模板工程施工方案内容规定

为贯彻实施《危险性较大的分部分项工程安全管理规定》（住房城乡建设部令第37号），进一步加强和规范房屋建筑和市政基础设施工程中危险性较大的分部分项工程（以下简称危大工程）安全管理，住房城乡建设部办公厅《关于实施〈危险性较大的分部分项工程安全管理规定〉有关问题的通知》建办质〔2018〕31号中明确了专项施工方案的组成。

危大工程专项施工方案的主要内容应当包括：

（1）工程概况；

（2）编制依据；

（3）施工计划；

（4）施工工艺技术；

（5）施工安全保证措施；

（6）施工管理及作业人员配备和分工；

（7）验收要求；

（8）应急处置措施；

（9）计算书及相关施工图纸。

《建设工程高大模板支撑系统施工安全监督管理导则》的通知（建质〔2009〕254号）规定了高大模板支撑系统的专项施工方案的组成。

高大模板支撑系统的专项施工方案的主要内容应当包括：

（1）编制说明及依据；

（2）工程概况；

（3）施工计划；

（4）施工工艺技术；

（5）施工安全保证措施；

（6）劳动力计划；

（7）计算书及相关图纸。

模板工程施工
方案内容规定

1.2.2 模板工程施工方案内容解读

鉴于危大工程专项施工方案和高大模板支撑系统的专项施工方案有很多内容一致，且危大工程专项施工方案的内容更具体，以下以危大工程专项施工方案的内容进行解读。

1. 工程概况

工程概况应简洁明了，把和本方案有关的内容要说明清楚。如建筑结构类型、建筑物或构筑物的平面尺寸、总高及层高、结构及构件的截面尺寸、房屋的开间、进深、悬挑等特殊部位的尺寸等，地基土质情况，地基承载力值，施工的作业条件，混凝土的浇筑、运输方法和环境等。

施工方案之工
程概况的解读

工程概况涉及工程概况和特点、施工平面布置及立面布置、施工要求和技术保证条件，需具体明确支模区域、支模标高、高度、支模范围内的梁截面尺寸、跨度、板厚、支撑的地基情况等。

其中，工程结构概况由于和模板配板、支护方式选择有较大关联，应重点介绍。

工程概况可分为工程基本情况（如果是高支模，还包括高支模层结构情况、高支模下方层结构情况）、各责任主体名称、工程特点、难点和重点分析、施工平面布置、施工要求、技术保证条件等。

（1）工程基本情况和各责任主体名称

为了直观地反映工程基本情况和各责任主体的内容，一般采用表格的方式列示。表 1-1~表 1-4 分别对上述内容进行了说明。

工程基本情况表   表 1-1

工程名称		工程地点	
建筑面积（m²）		建筑高度（m）	
结构类型		主体结构	
地上层数		地下层数	
标准层层高（m）		其他主要层高（m）	

高支模层结构情况   表 1-2

高支模所在层		脚手架挂密目安全网	
高支模层底标高（m）		柱混凝土强度等级	
高支模层顶标高（m）		梁板混凝土强度等级	
最大板跨（m）		普通板跨（m）	
最大板厚（mm）		普通板厚（mm）	
最大柱截面尺寸（mm）		普通柱截面尺寸（mm）	
最大梁跨（m）		普通梁跨（m）	
最大梁断面尺寸（mm）		普通梁断面尺寸（mm）	

高支模下方层结构情况   表 1-3

高支模所在层		脚手架挂密目安全网	
高支模层底标高（m）		柱混凝土强度等级	
高支模层顶标高（m）		梁板混凝土强度等级	
最大板跨（m）		普通板跨（m）	
最大板厚（mm）		普通板厚（mm）	

各责任主体名称   表 1-4

建设单位		设计单位	
施工单位		监理单位	
项目经理		总监理工程师	
技术负责人		专业监理工程师	

（2）工程特点、难点和重点分析

工程特点、难点和重点分析应结合具体工程项目进行分析。本文仅列举部分常见施工难点供参考，详见单元 2。

（3）施工平面布置

对于危险性较大的分部分项工程应绘制其施工平面图。

（4）施工要求

应审查模板结构设计与施工说明书中的荷载、计算方法、节点构造和安全措施，设计审批手续应齐全；应进行全面的安全技术交底，操作班组应熟悉设计与施工说明书，并应做好模板安装作业的分工准备。在采用爬模、飞模、隧道模等特殊模板施工时，所有参加作业人员必须经过专门技术培训，考核合格后方可上岗；应对模板和配件进行挑选、检测，不合格者应剔除，并应运至工地指定地点堆放；备齐操作所需的一切安全防护设施和器具。

（5）技术保证条件

1）管理保障

制定公司或项目部管理制度，通过技术培训、技术交底和现场检查等管理手段保障模板工程施工顺利开展。

2）组织保障

组建结构合理、人员充足的管理组织机构（图1-1），确保模板工程施工的进度、质量、成本和安全等。

图 1-1 管理组织机构框图

3）技术保障

严格按照《建筑施工扣件式钢管脚手架安全技术规范》JGJ 130—2011、《建筑施工模板安全技术规范》JGJ 162—2008（其他特殊模板需满足各自的技术规范要求）中的相关要求进行工程模板及支架的计算、验算，从而确保模板及支撑体系搭设有据可依。

2. 编制依据

编制依据主要包括相关法律、法规、规范性文件、标准、规范及施工图设计文件、施工组织设计等。应简单说明编制依据，特别是当采用的企业标准与国家标准不一致时，需重点说明。

施工方案之编制依据的解读

通常可参考下列规范：

（1）《木结构设计标准》GB 50005—2017

（2）《建筑结构荷载规范》GB 50009—2012

（3）《混凝土结构设计规范》（2015年版）GB 50010—2010

（4）《混凝土结构工程施工质量验收规范》GB 50204—2015

（5）《钢结构工程施工质量验收规范》GB 50205—2001

（6）《建筑工程施工质量验收统一标准》GB 50300—2013

（7）《混凝土结构工程施工规范》GB 50666—2011

（8）《施工现场临时用电安全技术规范》JGJ 46—2005

（9）《建筑施工扣件式钢管脚手架安全技术规范》JGJ 130—2011

（10）《建筑施工模板安全技术规范》JGJ 162—2008

（11）《建筑施工安全检查标准》JGJ 59—2011

（12）《建筑施工高处作业安全技术规范》JGJ 80—2016

（13）《建筑施工临时支撑结构技术规范》JGJ 300—2013

（14）《危险性较大的分部分项工程安全管理规定》（住房城乡建设部令第 37 号）

（15）建设工程高大模板支撑系统施工安全监督管理导则（建质〔2009〕254 号文）

（16）施工图纸

（17）施工组织设计

特殊模板可增加下列规范：

（1）《预制混凝土构件钢模板》JG/T 3032—1995

（2）《组合钢模板》JG/T 3060—1999

（3）《建筑工程大模板技术标准》JGJ 74—2017

（4）《竹胶合板模板》JG/T 156—2004

（5）《滑动模板工程技术规范》GB 50113—2005

（6）《聚苯模板混凝土结构技术规程》CECS 194：2006

（7）《混凝土模板用胶合板》GB/T 17656—2018

（8）《液压爬升模板工程技术规程》JGJ 195—2018

（9）《钢框胶合板模板技术规程》JGJ 96—2011

（10）《建筑模板用木塑复合板》GB/T 29500—2013

（11）《组合钢模板技术规范》GB 50214—2013

（12）《液压滑动模板施工安全技术规程》JGJ 65—2013

（13）《塑料模板》JG/T 418—2013

（14）《聚苯模板混凝土楼盖技术规程》CECS 378：2014

（15）《钢框组合竹胶合板模板》JG/T 428—2014

（16）《倒 T 形预应力叠合模板》JG/T 461—2014

（17）《建筑塑料复合模板工程技术规程》JGJ/T 352—2014

（18）《建筑施工木脚手架安全技术规范》JGJ 164—2008

（19）《建筑施工碗扣式钢管脚手架安全技术规范》JGJ 166—2016

（20）《液压升降整体脚手架安全技术规程》JGJ 183—2009

（21）《钢管满堂支架预压技术规程》JGJ/T 194—2009

（22）《建筑施工门式钢管脚手架安全技术规范》JGJ 128—2010

（23）《建筑施工工具式脚手架安全技术规范》JGJ 202—2010

（24）《建筑施工承插型盘扣式钢管支架安全技术规程》JGJ 231—2010

（25）《预制组合立管技术规范》GB 50682—2011

（26）《建筑施工扣件式钢管脚手架安全技术规范》JGJ 130—2011

（27）《建筑施工竹脚手架安全技术规范》JGJ 254—2011

（28）《建筑施工临时支撑结构技术规范》JGJ 300—2013

（29）建筑施工附着升降脚手架安全技术规程 DGJ08—905—99

（30）建筑施工悬挑式钢管脚手架安全技术规程 DGJ32/J 121—2011

（31）钢管扣件式模板垂直支撑系统安全技术规程 DG/TJ 08—16—2011

3. 施工进度计划和材料与设备计划

按要求编制施工进度计划和材料与设备计划。但是要注意的是材料与设备计划中需选用工程适用的材料。

4. 施工工艺技术

施工工艺技术是模板工程专项方案的核心内容，一般可分为工艺流程、施工方法、施工要点、技术参数和检查验收等几方面，其中工艺流程使模板施工具体单个工序的工艺流程，应针对每一个工序的特点和难点，选择最合适、经济的施工方法。

本项内容可结合《混凝土结构工程施工质量验收规范》GB50204—2015 和《建筑施工模板安全技术规范》JGJ162—2008，特殊模板还可参考编制依据中的其他规范进行编写。

5. 施工安全保证措施

本项内容一般包括组织保障、环境保护体系、技术措施、监测监控、应急预案等内容。其中，组织保障、环境保护体系、支模现场重大危险源等常常列表反映，一般重点阐述模板施工各阶段的安全要求和安全施工措施。

模板工程施工中具体包括模板支撑体系搭设及混凝土浇筑区域管理人员组织机构、施工技术措施、模板安装和拆除的安全技术措施、施工应急救援预案，模板支撑系统在搭设、钢筋安装、混凝土浇捣过程中及混凝土终凝前后模板支撑体系位移的监测监控措施等。

本项内容可结合《建筑施工易发事故防治安全标准》JGJ/T 429—2018 和《建筑施工模板安全技术规范》JGJ162—2008，特殊模板还可参考编制依据中的其他规范进行编写。

6. 施工管理及作业人员配备和分工

本项内容一般包括施工管理人员、专职安全生产管理人员、特种作业人员和其他作业人员等。施工管理人员、专职安全生产管理人员需明确各组织机构组成、人员编制及责任分工。

如：王某某（项目经理）——组长，负责协调指挥工作；

张某某（施工员）——组员，负责现场施工指挥，技术交底；

李某某（安全员）——组员，负责现场安全检查工作；

刘某某（架子工班长）——组员，负责现场具体施工；

特种作业人员和其他作业人员所需劳动力安排常以列表的形式出现，简单明了。可参照表 1-5 所需劳动力安排表。

所需劳动力安排表　　　　　　　　　　　　　　　表 1-5

高支模开始时间		高支模工期（天）	
作息时间（上午）		作息时间（下午）	
混凝土工程量（m³）		高支模建筑面积（m²）	
木工（人）		钢筋工（人）	
混凝土工（人）		架子工（人）	
水电工（人）		其他工种（人）	

7. 验收要求

本项内容包括验收标准、验收程序、验收内容和验收人员等内容。本项内容可结合《混凝土结构工程施工质量验收规范》GB50204—2015，特殊模板还可参考编制依据中的其他规范进行编写。

8. 应急处置措施

一般以应急反应预案的形式出现。包括应急领导小组和职责、事故报告程序及处理、应急反应预案培训演练等。

（1）应急领导小组和职责

危险性较大模板工程施工前应成立专门的应急领导小组，来确保发生意外事故时能有序地应急指挥。明确应急领导小组由组长、副组长、成员等构成。

施工方案之应急处置措施的解读

遇到紧急情况要首先向项目部汇报。项目部利用电话或传真向上级部门汇报并采取相应救援措施。各施工班组应制定详细的应急反应计划，列明各营地及相关人员通信联系方式，并在施工现场、营地的显要位置张贴，以便紧急情况下使用。

应急领导小组职责为：

1）领导各单位应急小组的培训和演习工作，提高其应变能力。

2）当施工现场发生突发事件时，负责救险的人员、器材、车辆、通信联络和组织指挥协调。

3）负责配备好各种应急物资和消防器材、救生设备和其他应急设备。

4）发生事故要及时赶到现场组织指挥，控制事故的扩大和连续发生，并迅速向上级机构报告。

5）负责组织抢险、疏散、救助及通信联络。

6）组织应急检查，保证现场道路畅通，对危险性大的施工项目应与当地医院取得联系，做好救护准备。

（2）事故报告程序及处理

事故发生后，作业人员、班组长、现场负责人、项目部安全主管领导应逐级上报，并联络报警，组织急救。

事故发生后应逐级上报，一般为现场事故知情人员、作业队、班组安全员、施工单位专职安全员逐级上报。发生重大事故时，应立即向上级领导汇报，并在24h内向上级主管部门作出书面报告。

危险性较大模板工程施工过程中可能发生的事故主要有：机具伤人、火灾事故、雷击触电事故、高温中暑、中毒窒息、高空坠落、落物伤人等，需制定配套的应急事故处理。

（3）应急培训和演练

应急反应组织和预案确定后，施工单位应急组长组织所有应急人员进行应急培训。组长按照有关预案进行分项演练，对演练效果进行评价，根据评价结果进行完善。

在确认险情和事故处置妥当后，应急反应小组应进行现场拍照、绘图，收集证据，保留物证。经业主、监理单位同意后，清理现场恢复生产。

单位领导将应急情况向现场项目部报告，组织事故的调查处理。在事故处理后，将所有调查资料分别报送业主、监理单位和有关安全管理部门。

9. 计算书及相关图纸

模板计算书应完整，对于模板、支架验算应沿着传力路线一步步计算下来，验算项目、荷载不要遗漏，荷载标准值和荷载设计值不要混淆。

模板工程的验算项目及计算内容包括模板、模板支撑系统的主要结构强度和截面特征及各项荷载设计值及荷载组合，梁、板模板支撑系统的强度和刚度计算，梁板下立杆稳定性计算，立杆基础承载力验算，支撑系统支撑层承载力验算，转换层下支撑层承载力验算等。每项计算列出计算简图和截面构造大样图，注明材料尺寸、规格、纵横支撑间距。

相关图纸主要包括支模区域立杆、纵横水平杆平面布置图，支撑系统立面图、剖面图，水平剪刀撑布置平面图及竖向剪刀撑布置投影图，梁板支模大样图，支撑体系监测平面布置图及连墙件布设位置及节点大样图等。

1.2.3 模板设计内容及模板设计步骤

1. 模板设计应包括下列内容：

（1）根据混凝土的施工工艺和季节性施工措施，确定其构造和所承受的荷载；

（2）绘制配板设计图、支撑设计布置图、细部构造和异形模板大样图；

（3）按模板承受荷载的最不利组合对模板进行验算；

（4）制定模板安装及拆除的程序和方法；

（5）编制模板及配件的规格、数量汇总表和周转使用计划；

（6）编制模板施工安全、防火技术措施及设计、施工说明书。

2. 模板设计步骤

（1）系统选型及布置：确定模板配板平面布置及支撑布置。根据总图对梁、板、柱等尺寸及编号设计出配板图，应标志出不同型号、尺寸单块模板平面布置，纵横龙骨规格数量及排列尺寸，柱箍选用的形式及间距，支撑系统的竖向支撑、侧向支撑、横向拉接件的型号、间距。

（2）验算：在系统选型及布置的基础上，对其强度、刚度及稳定性进行验算。

（3）绘图：绘制全套模板设计图，其中包括：翻样图、配板图、支撑系统图、节点大样图、零件及非定型拼接件加工图。

（4）方案编写：根据模板确定施工工序，编制各工序施工要点、技术要求、安全要求、质量安全通病防治措施及施工质量验收标准，即质量、安全控制要点。

本书将在单元 2 中，重点涉及系统选型和布置，验算及施工方案中施工工艺技术、施工安全保证措施等内容，其他部分不作展开阐述。

模板设计内容和步骤

2 模板工程基本知识

2.1 模板分类及构造

2.1.1 模板分类

1. 按材料分类

常用的有木模板、钢模板、木胶合板模板、竹木胶合板模板，还有钢框木模板、钢框木（竹）胶合板模板、塑料模板、玻璃钢模板、铝合金模板等。

（1）木模板。制作方便、拼装随意，尤其适用于外形复杂或异形混凝土构件。此外，由于导热系数小，对混凝土冬期施工有一定的保温作用。但周转次数少，板厚20~50mm，宽度不宜超过200mm，以保证木材干缩时，缝隙细匀，浇水后易密缝。

（2）钢模板。一般做成定型模板，用连接件拼装成各种形状和尺寸，适用于多种结构形式，应用广泛。钢模板周转次数多，但一次投资量大，在使用过程中应注意保管和维护，防止生锈以延长钢模板的使用寿命。

（3）木胶合板模板。克服了木材的不等方向性的缺点，受力性能好。强度高、自重小、不翘曲、不开裂及板幅大、接缝少。

（4）竹木胶合板模板。由若干层竹编与两表层木单板经热压胶合而成，比木胶合板模板强度更高，表层经树脂涂层处理后可作为清水混凝土模板，但现场拼钉较困难。

（5）钢框木模板。是以角钢为边框，以木板作面板的定型模板；可以充分利用短木料并能多次周转使用钢边框。

（6）钢框木（竹）胶合板模板。是以角钢为边框，内镶可更换的木（竹）胶合板，胶合板的边缘和孔洞经密封材料的处理，可防吸水受潮变形，提高胶合板的使用次数。

（7）塑料模板、玻璃钢模板、铝合金模板。具有重量轻、刚度大、拼装方便、周转率高的特点，但由于造价较高，尚未普遍使用。

2. 按结构类型分类

分为基础模板、柱模板、梁模板、楼板模板、楼梯模板、墙模板、墩模板、壳模板、烟囱模板等。

3. 按施工方法分类

（1）现场装拆式模板。按照设计要求的结构形状、尺寸及空间位置在施工现场组装的模板，当混凝土达到拆模强度后拆除。

（2）固定式模板。按照构件的形状、尺寸在现场或工厂制作模板，涂刷隔离剂，浇筑混凝土，当混凝土达到规定的强度后，脱模吊离构件，再清理模板，涂刷隔离剂，制作下一批构件。各种胎模（土胎模、砖胎模、混凝土胎模）即属于固定式模板。一般在制作预制构件时采用。

（3）移动式模板。随着混凝土的浇筑，模板可沿垂直方向或水平方向移动，称为移动式模板。如烟囱、水塔、墙柱等混凝土浇筑采用的滑升模板、提升模板等。

（4）永久性模板（又称一次性消耗模板）。在结构或构件混凝土浇筑后模板不再拆除。其中有的模板与现浇结构叠合后组合成共同受力构件，该模板多用于现浇钢筋混凝土楼板工程，亦有用于竖向现浇结构。

模板分类

永久性模板简化了模板支拆工艺，改善了劳动条件，加快了施工进度。

2.1.2 模板构造

1. 组合钢模板

组合钢模板是一种工具式模板，由模板板块和配件两大部分组成，它可以拼成不同尺寸、不同形状的模板，可用于建筑物的梁、板、墙、基础等构件施工的需要，也可拼成大模板、滑模、台模等使用。因而这种模板具有轻便灵活、拆装方便、通用性强、周转率高等优点。

组合钢模板

模板板块分为钢模板和钢框木胶合板模板。

（1）钢模板。钢模板有通用模板和专用模板两类。通用模板包括平面模板、阳角模板、阴角模板和连接角模板（图 2-1）；专用模板包括倒棱模板、梁腋模板、柔性模板、搭接模板和可调模板。通常用的平面模板由面板边框、纵横肋构成。边框和面板常用 2.5～3.0mm 厚钢板冷轧冲压整体成形，纵横肋用 3mm 扁钢与面板及边框焊成。为了便于板块之间的连接，边框上设有 U 形卡连接孔，端部上设有 L 形插销孔，孔径为 13.8mm，孔距150mm，边框的长度和宽度与孔距一致，以便横竖都能连接。

（2）木胶合板。木胶合板是一组单板（薄木片）按相邻层木纹方向相互垂直组坯、相互胶合成的板材。其表板和内层板对称配置在中心层或板芯的两层。其自重轻，板块尺寸大，模板板缝少，浇出的混凝土表面光滑平整。

配件包括连接件和支撑件。

（1）连接件包括：U 形卡、L 形插销、钩头螺栓、紧固螺栓、对拉螺栓等（图 2-2）。

（2）支撑件包括：支撑钢楞、柱箍、钢支架、斜撑、钢桁架、梁卡具等（图 2-3）。

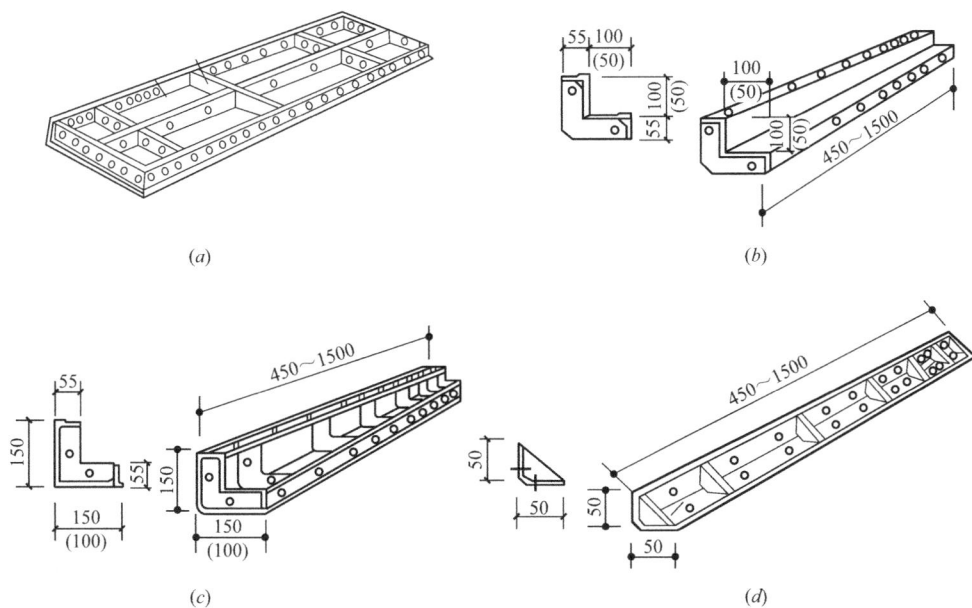

图 2-1 钢模板板块

（a）平面模板；（b）阳角模板；（c）阴角模板；（d）连接角模板

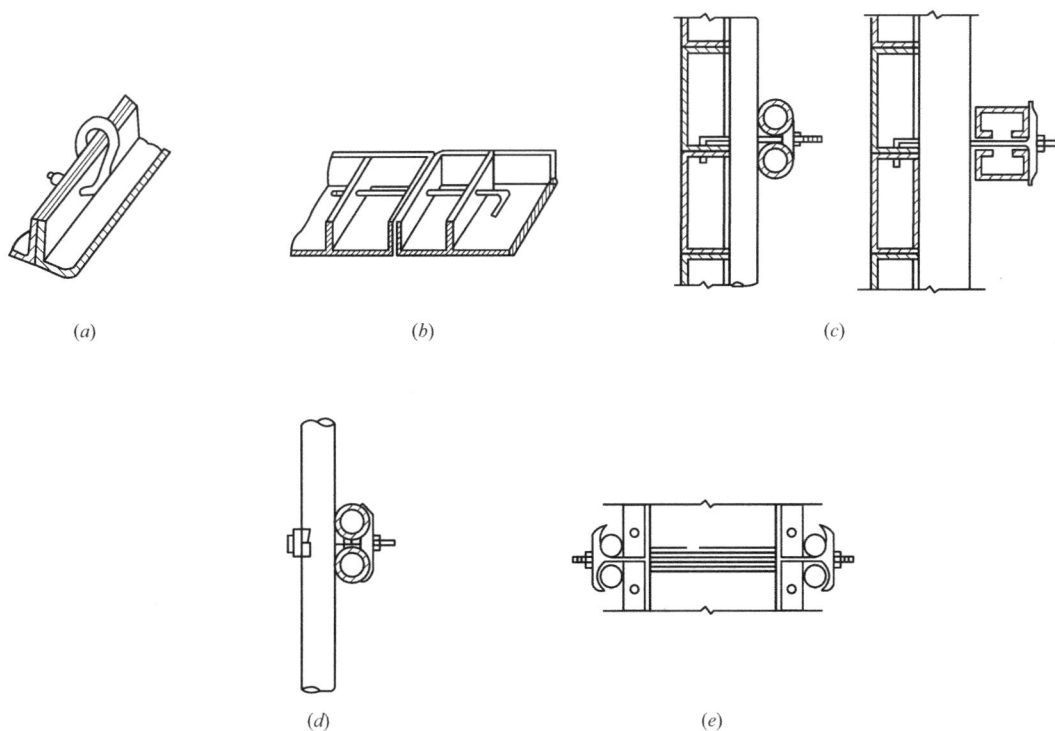

图 2-2 连接件

（a）U 形卡；（b）L 形插销；（c）钩头螺栓；（d）紧固螺栓；（e）对拉螺栓

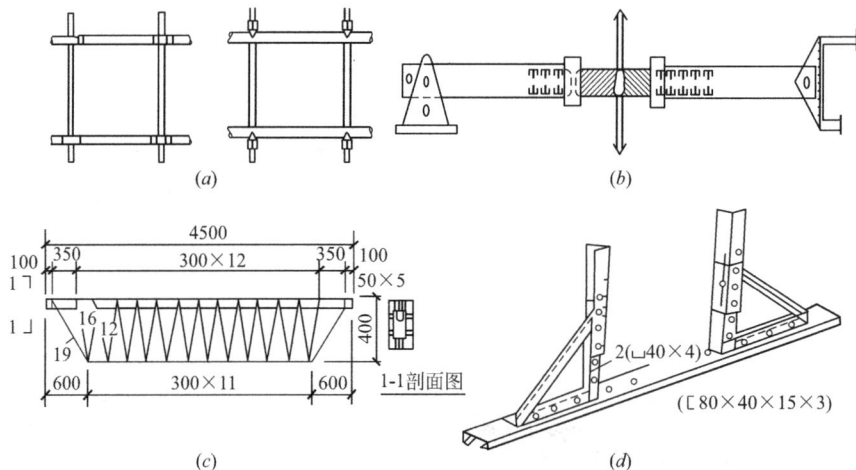

图 2-3

（a）柱箍；（b）斜撑；（c）钢桁架；（d）梁卡具

2. 现浇混凝土结构木模板

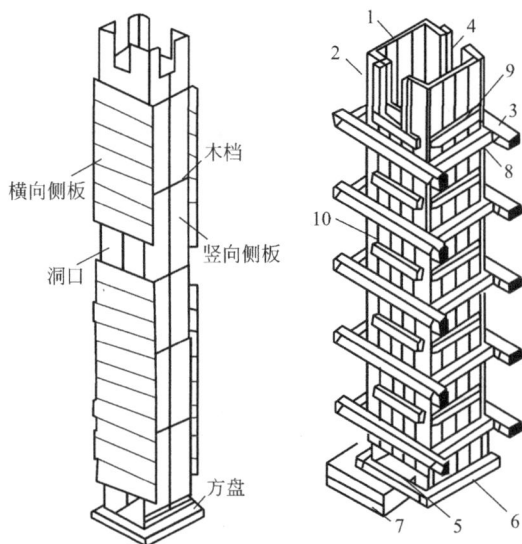

（1）基础模板

图 2-4 为基础模板的常用形式。如果土质良好，阶梯形基础的最下一级可以不用模板而进行原槽浇筑。对杯形基础，杯口处在模板的顶部中间装杯芯模板。

现浇混凝土
结构木模板

（2）柱模板

柱模板由四块拼板围成，四角由角模连接，外设柱箍。柱箍除使四块拼板固定保持柱的形状外，还要承受由模板传来的新浇混凝土的侧压力。柱模板顶部开有与梁模板连接的缺口，底部可开有清理孔。当柱较高时，可根据需要在柱中设置混凝土浇筑口。如图 2-5 所示。

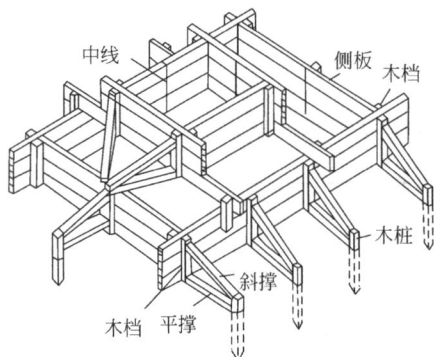

图 2-5 柱模板

1—内拼板；2—外拼板；3—柱箍；4—梁缺口；
5—清理孔；6—木框；7—盖板；8—拉紧螺栓；
9—拼条；10—活动板

图 2-4 基础模板

（3）梁、板模板

梁模板由底模板和侧模板组成。底模板承受垂直荷载，一般较厚，下面有支撑承托。支撑多为伸缩式，可调整高度，底部应支承在坚实地面或楼面上，下垫木楔。支撑间应用水平和斜向拉杆拉牢，以增强整体稳定性。

梁跨度在4m或4m以上时，底模板应起拱，如设计无具体规定，一般可取结构跨度的3/1000~1/1000。木模板可取偏大值，钢模板可取偏小值。

梁侧模板承受混凝土侧压力，底部用钉在支撑顶部的夹条夹住，顶部可由支承楼板模板的搁栅顶住，或用斜撑顶住。

楼板模板多用定型模板或胶合板，它放置在搁栅上，搁栅支承在梁侧模板外的横楞上。如图2-6所示。

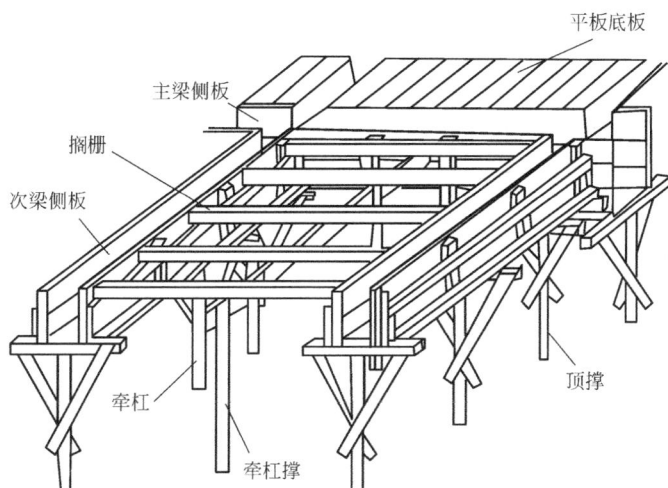

图2-6 梁板模板

3. 其他模板

（1）大模板

模板尺寸和面积较大且有足够承载能力，整装整拆的大型模板，分为整体式大模板和拼装式大模板。整体式大模板是模板的规格尺寸以混凝土墙体尺寸为基础配置的整块大模板；拼装式大模板是以符合建筑模数的标准模板块为主、非标准模板块为辅组拼配置的大型模板。大模板应由面板系统、支撑系统、操作平台系统及连接件等组成。如图2-7所示。

（2）滑动模板

模板一次组装完成，上面设置有施工作业人员的操作平台，并从下而上采用液压或其他提升装置沿现

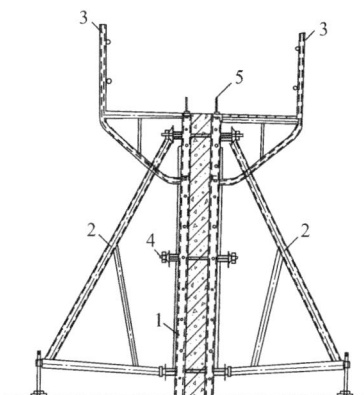

图2-7 大模板组成示意

1—面板系统；2—支撑系统；3—操作平台系统；4—对拉螺栓；5—钢吊环

浇混凝土表面边浇筑混凝土边进行同步滑动提升和连续作业，直到现浇结构的作业部分或全部完成。其特点是施工速度快、结构整体性能好、操作条件方便和工业化程度较高。

以液压千斤顶为提升动力，带动模板沿着混凝土表面滑动而成型的现浇混凝土工艺专用模板，简称滑模。滑模装置的形式可因地制宜，图 2-8 为常见的液压滑动模板装置。

（3）爬模

以建筑物的钢筋混凝土墙体为支承主体，依靠自升式爬升支架使大模板完成提升、下降、就位、校正和固定等工作的模板系统。

爬模应由模板、支承架、附墙架和爬升动力设备等组成（图 2-9）。

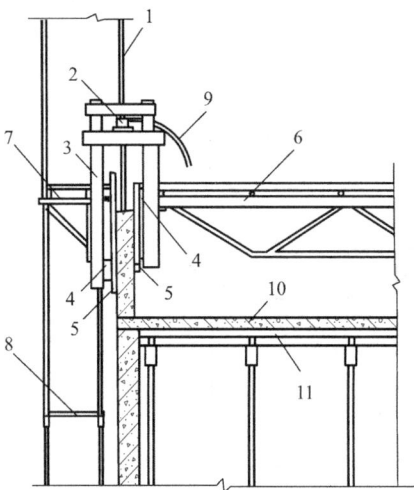

图 2-8　液压滑动模板装置

1—高压油管；2—支承杆；3—千斤顶；4—提升架；

5—外挂脚手架；6—混凝土墙体；7—模板；

8—钢筋固定架；9—平台板；10—围圈；

11—内挂脚手架

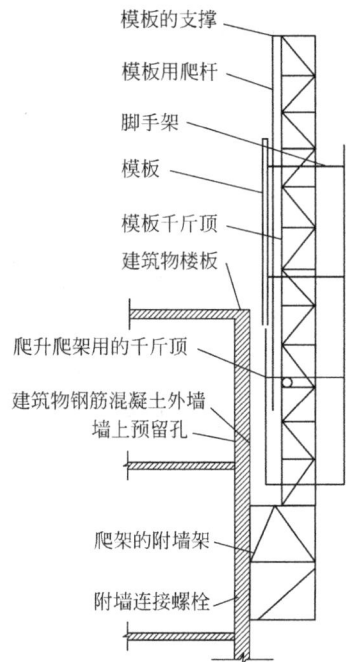

图 2-9　爬模组成

（4）飞模

主要由平台板、支撑系统（包括梁、支架、支撑、支腿等）和其他配件（如升降和行走机构等）组成（它是一种大型工具式模板，因其外形如桌，故又称桌模或台模）。由于它可借助起重机械，从已浇好的楼板下吊运飞出转移到上层重复使用，故又称飞模。

飞模有多种形式，如立柱式飞模、桁架与构架支撑式飞模、悬架式飞模和柱体式飞模等形式。图 2-10 为桁架支撑式飞模示意图。

（5）隧道模

一种组合式的、可同时浇筑墙体和楼板混凝土的、外形像隧道的定型模板。隧道模有全隧道模（整体式隧道模）和双拼式隧道模（图 2-11）两种。

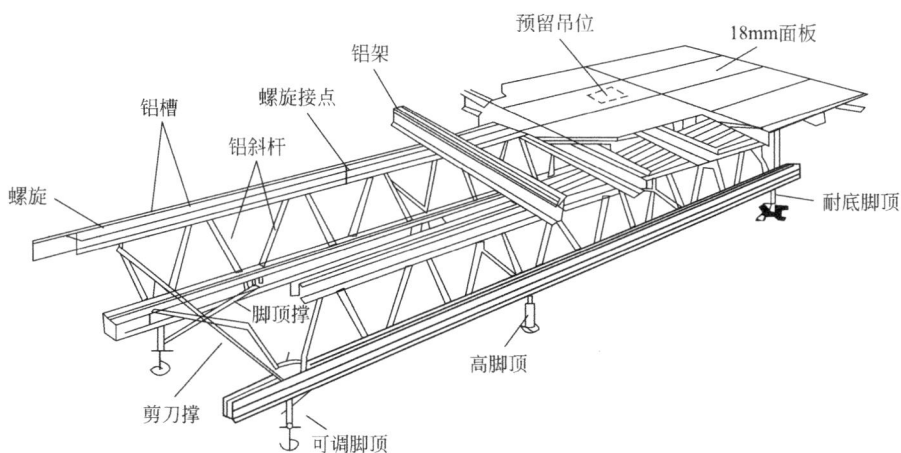

图 2-10　桁架支撑式飞模

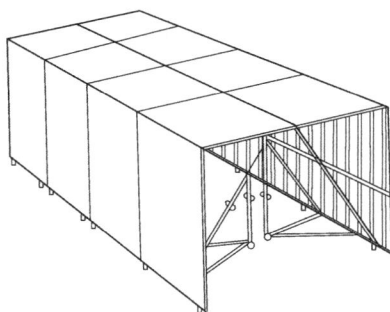

图 2-11　双拼式隧道模

2.2　模板设计

2.2.1　模板设计一般规定

模板及其支架的设计应根据工程结构形式、荷载大小、地基土类别、施工设备和材料等条件进行。

1. 模板及其支架的设计应符合下列原则

（1）应具有足够的承载能力、刚度和稳定性，应能可靠地承受新浇混凝土的自重、侧压力和施工过程中所产生的荷载及风荷载。

（2）构造应简单，装拆方便，便于钢筋的绑扎、安装和混凝土的浇筑、养护。

（3）混凝土梁的施工应采用从跨中向两端对称进行分层浇筑，每层厚度不得大于400mm。

（4）当验算模板及其支架在自重和风荷载作用下的抗倾覆稳定性时，应符合相应材质结构设计规范的规定。

2.2.2 模板材料的设计

模板材料的设计步骤为：

1. 选取支架及连接件的材料

支架及连接件以扣件式钢管满堂支撑架为例进行说明，主要包含钢管、扣件、脚手板、可调托撑等构件的材料。每种材料的质量均需符合国家标准。

选取支架及连接件的材料

（1）钢管

支撑架钢管应采用现行国家标准《直缝电焊钢管》GB/T 13793 或《低压流体输送用焊接钢管》GB/T 3091 中规定的 Q235 普通钢管，钢管的钢材质量应符合现行国家标准《碳素结构钢》GB/T 700 中 Q235 级钢的规定。

支撑架钢管宜采用 $\phi48.3 \times 3.6$ 钢管。每根钢管的最大质量不应大于 25.8kg。

（2）扣件

扣件应采用可锻铸铁或铸钢制作，其质量和性能应符合现行国家标准《钢管脚手架扣件》GB 15831 的规定，采用其他材料制作的扣件，应经试验证明其质量符合该标准的规定后方可使用。

扣件在螺栓拧紧扭力矩达到 65N·m 时，不得发生破坏。

（3）脚手板

脚手板可采用钢、木、竹材料制作，单块脚手板的质量不宜大于 30kg。

冲压钢脚手板的材质应符号现行国家标准《碳素结构钢》GB/T 700 中 Q235 级钢的规定。

木脚手板材质应符合现行国家标准《木结构设计标准》GB 50005 中 Ⅱa 级材质的规定。脚手板厚度不应小于 50mm，两端宜各设直径不小于 4mm 的镀锌钢丝箍两道。

竹脚手板宜采用由毛竹或楠竹制作的竹串片板、竹笆板；竹串片脚手板应符合现行行业标准《建筑施工木脚手架安全技术规范》JGJ 464 的相关规定。

（4）可调托撑

可调托撑螺杆外径不得小于 36mm，直径与螺距应符合现行国家标准《梯形螺纹　第3部分：基本尺寸》GB/T 5796.3 的规定

可调托撑的螺杆与支架托板焊接应牢固，焊缝高度不得小于 6mm；可调托撑螺杆与螺母旋合长度不得少于 5 扣，螺母厚度不得小于 30mm。

可调托撑受压承载力设计值不应小于 40kN，支托板厚不应小于 5mm。

2. 选取面板的材料

面板材料主要可从钢材、冷弯薄壁型钢、木材、铝合金型材、竹、木胶合模板板材等材料中选取。每种材料的质量均需符合国家标准。

选取面板的材料

（1）钢材

为保证模板结构的承载能力，防止在一定条件下出现脆性破坏应根据模板体系的重要性、荷载特征、连接方法等不同选用适合的钢材型号和材性，且宜采用 Q235 钢和 Q345 钢。

模板的钢材质量应符合国家标准：

1）钢材应符合现行国家标准《碳素结构钢》GB/T 700、《低合金高强度结构钢》GB/T 1591 的规定。

2）连接用的焊条应符合现行国家标准《非合金钢及细晶粒钢焊条》GB/T5117 或《热强钢焊条》GB/T 5118 中的规定。

3）连接用的普通螺栓应符合现行国家标准《六角头螺栓 C 级》GB/T 5780 和《六角头螺栓》GB/T 5782 的规定。

4）组合钢模板及配件制作质量应符合现行国家标准《组合钢模板技术规范》GB 50214 的规定。

模板承重结构和构件采用 Q235 沸腾钢的限制为：

1）工作温度低于-20℃承受静力荷载的受弯及受拉的承重结构或构件。

2）工作温度等于或低于-30℃的所有承重结构或构件。

承重结构采用的钢材应具有抗拉强度、伸长率、屈服强度和硫、磷含量的合格保证，对焊接结构尚应具有碳含量的合格保证。

焊接的承重结构以及重要的非焊接承重结构采用的钢材还应具有冷弯试验的合格保证。

当结构工作温度不高于-20℃时，对 Q235 钢和 Q345 钢应具有 0℃冲击韧性的合格保证；对 Q390 钢和 Q420 钢应具有-20℃冲击韧性的合格保证。

（2）冷弯薄壁型钢

1）冷弯薄壁型钢材质应符合国家标准

用于承重模板结构的冷弯薄壁型钢的带钢或钢板，应采用符合现行国家标准《碳素结构钢》GB/T 700 规定的 Q235 钢和《低合金高强度结构钢》GB/T 1591 规定的 Q345 钢。

用于承重模板结构的冷弯薄壁型钢的带钢或钢板，应具有抗拉强度、伸长率、屈服强度、冷弯试验和硫、磷含量的合格保证；对焊接结构尚应具有碳含量的合格保证。

2）焊接采用的材料应符合下列要求：

① 手工焊接用的焊条，应符合现行国家标准《非合金钢及细晶粒钢焊条》GB/T 5117 或《热强钢焊条》GB/T 5118 的规定。

② 选择的焊条型号应与主体结构金属力学性能相适应。

③ 当 Q235 钢和 Q345 钢相焊接时，宜采用与 Q235 钢相适应的焊条。

3）连接件及连接材料应符合下列要求

① 普通螺栓的机械性能应符合现行国家标准《紧固件机械性能螺栓、螺钉和螺柱》GB/T 3089.1 的规定。

② 连接薄钢板或其他金属板采用的自攻螺钉应符合现行国家标准《自钻自攻螺钉》GB/T15856.1~4、GB/T 3098.11 或《自攻螺栓》GB/T 5282~5285 的规定。

4）冷弯薄壁型钢要具有合格的物理化学指标

在冷弯薄壁型钢模板结构设计图中和材料订货文件中，应注明所采用钢材的牌号和质量等级、供货条件及连接材料的型号（或钢材的牌号）。必要时尚应注明对钢材所要求的机械性能和化学成分的附加保证项目。

（3）木材

模板结构或构件的树种应根据各地区实际情况选择质量好的材料，不得使用有腐朽、霉变、虫蛀、折裂、枯节的木材。

模板结构设计应根据受力种类或用途按表 2-1 的要求选用相应的木材材质等级。木材材质标准应符合现行国家标准《木结构设计标准》GB 50005 的规定。

模板结构或构件的木材材质等级　　　　　　　　　　　　　　　表 2-1

主要用途	最低材质等级
受拉或拉弯构件	I$_a$
受弯或压弯构件	II$_a$
受压构件及次要受弯构件	III$_a$

用于模板体系的原木、方木和板材可采用目测法分级。选材应符合现行国家标准《木结构设计标准》GB 50005 的规定，不得利用商品材的等级标准替代。

用于模板结构或构件的木材，应从表 2-2 和表 2-3 所列树种中选用。主要承重构件应选用针叶材；重要的木制连接件应采用细密、直纹、无节和无其他缺陷的耐腐蚀的硬质阔叶材。

针叶树种木材适用的强度等级　　　　　　　　　　　　　　　表 2-2

强度等级	级别	适用树种
TC17	A	柏木　长叶松　湿地松　粗皮落叶松
	B	东北落叶松　欧洲赤松　欧洲落叶松
TC15	A	铁杉　油杉　太平洋海岸黄柏　花旗松—落叶松　西部铁杉　南方松
	B	鱼鳞云杉　西南云杉　南亚松
TC13	A	油松　西伯利亚落叶松　云南松　马尾松　扭叶松　北美落叶松　海岸松　日本扁柏
	B	红皮云杉　丽江云杉　樟子松　红松　西加云杉　欧洲云杉　北美山地云杉　北美短叶松

强度等级	级别	适用树种
TC11	A	西北云杉 西伯利亚云杉 西黄松 云杉—松—冷杉 铁—冷杉 加拿大铁杉 杉木
	B	冷杉 速生杉木 速生马尾松 新西兰辐射松 日本柳杉

阔叶树种木材适用的强度等级 表 2-3

强度等级	适用树种
TB20	青冈 椆木 甘巴豆 冰片香 重黄娑罗双 重坡垒 龙脑香 绿心樟 紫心木 李叶苏木 双龙瓣豆
TB17	栎木 腺瘤豆 筒状非洲楝 蟹木楝 深红默罗藤黄木
TB15	锥栗 桦木 黄娑罗双 异翅香 水曲柳 红尼克樟
TB13	深红娑罗双 浅红娑罗双 白娑罗双 海棠木
TB11	大叶椵 心形椵

当采用不常用树种木材作模板体系中的主梁、次梁、支架立柱等的承重结构或构件时,可按现行国家标准《木结构设计标准》GB 50005 的要求进行设计。对速生林材,应进行防腐、防虫处理。

在建筑施工模板工程中使用进口木材时,应符合下列规定:

1)应选择天然缺陷和干桑缺陷少、耐腐朽性较好的树种木材;

2)每根木材上应有经过认可的认证标识,认证等级应附有说明,并应符合国家商检规定;进口的热带木材,还应附有无活虫虫孔的证书;

3)进口木材应有中文标识,并应按国别、等级、规格分批堆放,不得混淆,储存期间应防止木材霉变、腐朽和虫蛀;

4)对首次采用的树种,必须先进行试验,达到要求后方可使用。

当需要对模板结构或构件木材的强度进行测试验证时,应按现行国家标准《木结构设计标准》GB 50005 的检验标准进行。

施工现场制作的木构件,其木材含水率应符合下列规定:

1)制作的原木、方木结构,不应大于 25%;

2)板材和规格材,不应大于 20%;

3)受拉构件的连接板,不应大于 18%;

4)连接件,不应大于 15%。

(4)铝合金型材

当建筑模板结构或构件采用铝合金型材时,应采用纯铝加入锰、镁等合金元素构成的铝合金型材,并应符合国家现行标准《铝及铝合金型材》YB1703 的规定。

铝合金型材的机械性能应符合表 2-4 的规定;铝合金型材的横向、高向机械性能应符合表 2-5 的规定。

铝合金型材的机械性能 表 2-4

牌号	材料状态	壁厚（mm）	抗拉极限强度 σ_b(N/mm²)	屈服强度 $\sigma_{0.2}$(N/mm²)	伸长率 δ(%)	弹性模量 E_c(N/mm²)
LD₂	Cz	所有尺寸	≥180	—	≥14	1.83×10⁵
	Cs		≥280	≥210	≥12	
LY₁₁	Cz	≤10.0	≥360	≥220	≥12	
	Cs	10.1~20.0	≥380	≥230	≥12	
LY₁₂	C_Z	<5.0	≥400	≥300	≥10	2.14×10⁵
		5.1~10.0	≥420	≥300	≥10	
		10.1~20.0	≥430	≥310	≥10	
LC₄	C_S	≤10.0	≥510	≥440	≥6	2.14×10⁵
		10.1~20.0	≥540	≥450	≥6	

注：材料状态代号名称：Cz—淬火（自然时效）；Cs—淬火（人工时效）。

铝合金型材的横向、高向机械性能 表 2-5

牌号	材料状态	取样部位	抗拉极限强度 σ_b(N/mm²)	屈服强度 $\sigma_{0.2}$(N/mm²)	伸长率 δ(%)
LY₁₂	C_z	横向	≥400	≥290	≥6
		高向	≥350	≥290	≥4
Lc₄	C_S	横向	≥500	—	≥4
		高向	≥480	—	≥3

注：材料状态代号名称：Cz—淬火（自然时效）；Cs—淬火（人工时效）。

（5）竹、木胶合模板板材

胶合模板板材表面应平整光滑，具有防水、耐磨、耐酸碱的保护膜，并应有保温性能好、易脱模和可以两面使用等特点。板材厚度不应小于 12mm，并应符合国家现行标准《混凝土模板用胶合板》ZBB70006 的规定。

各层板的原材含水率不应大于 15%，且同一胶合模板各层原材间的含水率差别不应大于 5%。

胶合模板应采用耐水胶，其胶合强度不应低于木材或竹材顺纹抗剪和横纹抗拉的强度，并应符合环境保护的要求。

进场的胶合模板除应具有出厂质量合格证外，还应保证外观及尺寸合格。

竹胶合模板技术性能应符合表 2-6 的规定。

竹胶合模板技术性能 表 2-6

项目		平均值	备注
静曲强度 σ(N/mm²)	3层	113.30	$\sigma=(3PL)/(2bh^2)$ 式中 P——破坏荷载； L——支座距离（240mm）； b——试件宽度（20mm）； h——试件厚度（胶合模板 $h=15$mm）
	5层	105.50	

项　目		平均值	备　注
弹性模量 $E(\text{N/mm}^2)$	3层	10584	$E=4(\triangle PL^5)/(\triangle fbh^3)$ 式中　L、b、h 同上,其中 3 层 $\triangle P/\triangle f=211.6$;5 层 $\triangle P/\triangle f=197.7$
	5层	9898	
冲击强度 $A(\text{J/cm}^2)$	3层	8.30	$A=Q/(b\times h)$ 式中　Q——折损耗功; 　　　b——试件宽度; 　　　h——试件厚度
	5层	7.95	
胶合强度 $\tau(\text{N/mm}^2)$	3层	3.52	$\tau=P/(b\times L)$ 式中　P——剪切破坏荷载(N); 　　　b——剪面宽度(20mm); 　　　L——切面长度(28mm)
	5层	5.03	
握钉力 $M(\text{N/mm})$		241.10	$M=P/h$ 式中　P——破坏荷载(N); 　　　h——试件厚度(mm)

常用木胶合模板的厚度宜为 12mm、15mm、18mm,其技术性能应符合下列规定:

（1）不浸泡,不蒸煮:剪切强度 1.4~1.8N/mm²;

（2）室温水浸泡:剪切强度 1.2~1.8N/mm²;

（3）沸水煮 24h:剪切强度 1.2~1.8N/mm²;

（4）含水率:5%~13%;

（5）密度:450~880kg/m³。

（6）弹性模量:4.5×10³~11.5×10³N/mm²。

常用复合纤维模板的厚度宜为 12mm、15mm、18mm,其技术性能应符合下列规定:

（1）静曲强度:横向 28.22~32.3N/mm²;纵向 52.62~67.21N/mm²;

（2）垂直表面抗拉强度:大于 1.8N/mm²;

（3）72h 吸水率:小于 5%;

（4）72h 吸水膨胀率:小于 4%;

（5）耐酸碱腐蚀性:在 1%氢氧化钠中浸泡 24h,无软化及腐蚀现象;

（6）耐水气性能:在水蒸气中喷蒸 24h 表面无软化及明显膨胀;

（7）弹性模量:大于 6.0×10³N/mm²。

2.2.3　模板尺寸设计

模板尺寸设计主要是包括支架及连接件的尺寸以及面板的尺寸设计。

1. 支架及连接件的尺寸设计

支架及连接件以扣件式钢管满堂支撑架为例进行说明，主要涉及的构件有立杆、扫地杆、纵向水平杆、横向水平杆、剪刀撑、可调托撑、可调底座等。钢管规格、间距、扣件应符合设计要求。

支架及连接件
的尺寸设计

规范规定满堂支撑架步距一般取 0.6m、0.9m、1.2m、1.5m、1.8m。满堂支撑架搭设高度不宜超过30m。

（1）立杆

梁和板的立杆，其纵横向间距应相等或成倍数。立杆间距一般取 1.2m×1.2m、1.0m×1.0m、0.9m×0.9m、0.75m×0.75m、0.6m×0.6m、0.4m×0.4m。立杆伸出顶层水平杆中心线至支撑点的长度不应超过 0.5m。每根立杆底部应设置底座或垫板，垫板厚度不得小于 50mm。

支撑架立杆基础不在同一高度上时，必须将高处的纵向扫地杆向低处延长两跨与立杆固定，高低差不应大于1m。靠边坡上方的立杆轴线到边坡的距离不应小于500mm（图2-12）。

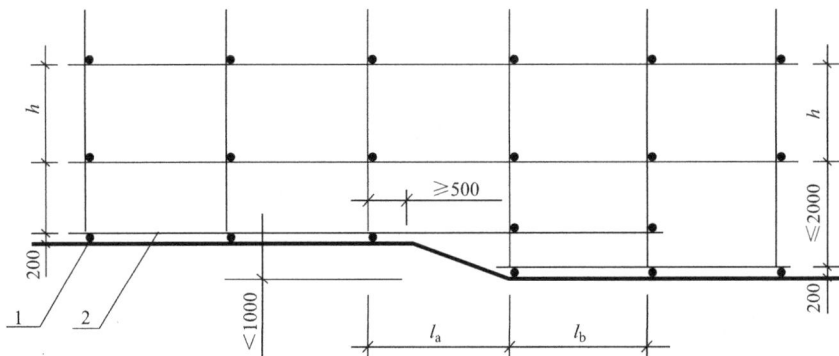

图 2-12　纵、横向扫地杆构造

1—横向扫地杆；2—纵向扫地杆

立杆接长接头必须采用对接扣件连接。当立杆采用对接接长时，立杆的对接扣件应交错布置，两根相邻立杆的接头不应设置在同步内，同步内隔一根立杆的两个相隔接头在高度方向错开的距离不宜小于500mm；各接头中心至主节点的距离不宜大于步距的1/3。

（2）扫地杆

支撑架必须设置纵、横向扫地杆。在立杆底距地面200mm高处，沿纵横水平方向应按纵下横上的程序设扫地杆。纵向扫地杆应采用直角扣件固定在距底座上皮不大于200mm处的立杆上。横向扫地杆应采用直角扣件固定在紧靠纵向扫地杆下方的立杆上。

（3）纵向水平杆、横向水平杆

可调支托底部的立杆顶端应沿纵横向设置一道水平拉杆。扫地杆与顶部水平拉杆之间的间距，在满足模板设计所确定的水平拉杆步距要求条件下，进行平均分配确定步距后，在每一步距处纵横向应各设一道水平拉杆。当层高在8~20m时。在最顶步距两水平拉杆中间应加设一道水平拉杆；当层高大于20m时，在最顶两步距水平拉杆中间应分别增加一道水平拉杆。所有水平拉杆的端部均应与四周建筑物顶紧顶牢。无处可顶时，应在水平拉杆端部和中部沿竖向设置连续式剪刀撑。

水平杆长度不宜小于3跨。其接长应采用对接扣件连接或搭接，并应符合下列规定：

1）两根相邻水平杆的接头不应设置在同步或同跨内；不同步或不同跨两个相邻接头在水平方向错开的距离不应小于500mm；各接头中心至最近主节点的距离不应大于纵距的1/3（图2-13）。

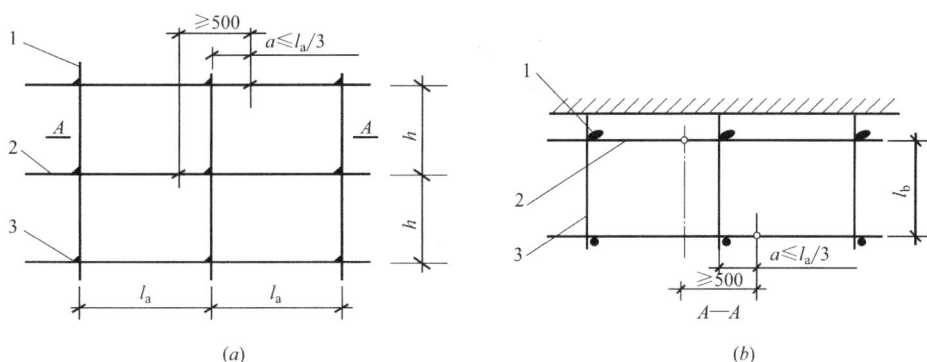

图2-13　水平杆对接接头布置

（a）接头不在同步内（立面）；（b）接头不在同跨内（平面）

1—立杆；2—纵向水平杆；3—横向水平杆

2）搭接长度不应小于1m，应等间距设置3个旋转扣件固定，端部扣件盖板边缘至搭接水平杆杆端的距离不应小于100mm。

（4）剪刀撑

满堂支撑架应根据架体的类型设置剪刀撑，可分为普通型和加强型。

1）普通型：

① 在架体外侧周边及内部纵、横向每5~8m，应由底至顶设置连续竖向剪刀撑，剪刀撑宽度应为5~8m（图2-14）。

② 在竖向剪刀撑顶部交点平面应设置连续水平剪刀撑。当支撑高度超过8m，或施工总荷载大于15kN/m²，或集中线荷载大于20kN/m的支撑架，扫地杆的设置层应设置水平剪刀撑。水平剪刀撑至架体底平面距离与水平剪刀撑间距不宜超过8m（图2-14）。

2）加强型：

① 当立杆纵、横间距为0.9m×0.9m~1.2m×1.2m时，在架体外侧周边及内部纵、横向每4跨（且不大于5m），应由底至顶设置连续竖向剪刀撑，剪刀撑宽度应为4跨。

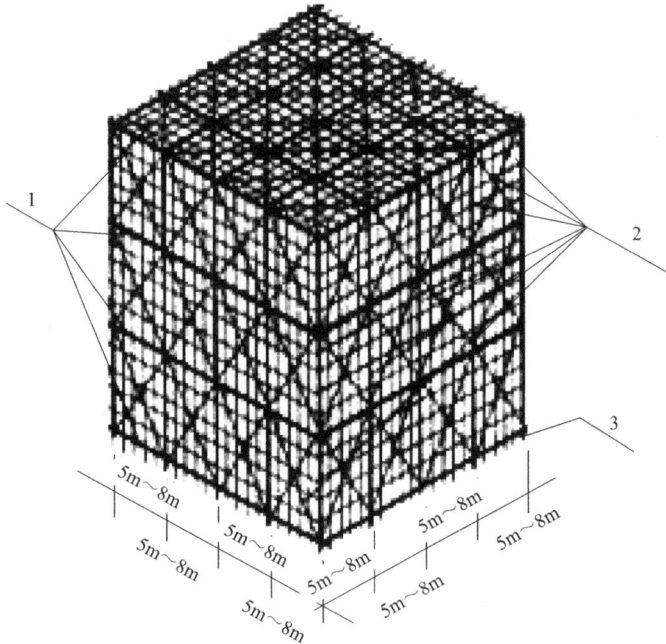

图 2-14　普通型水平、竖向剪刀撑布置图
1—水平剪刀撑；2—竖向剪刀撑；3—扫地设置层

② 当立杆纵、横间距为 0.6m×0.6m~0.9m×0.9m（含 0.6m×0.6m，0.9m×0.9m）时，在架体外侧周边及内部纵、横向每 5 跨（且不小于 3m），应由底至顶设置连续竖向剪刀撑，剪刀撑宽度应为 5 跨。

③ 当立杆纵、横间距为 0.4m×0.4m~0.6m×0.6m（含 0.4m×0.4m）时，在架体外侧周边及内部纵、横向每 3m~3.2m 应由底至顶设置连续竖向剪刀撑，剪刀撑宽度应为 3m~3.2m。

④ 在竖向剪刀撑顶部交点平面应设置水平剪刀撑。扫地杆的设置层水平剪刀撑的设置应符合普通型中第 2 项的规定，水平剪刀撑至架体底平面距离与水平剪刀撑间距不宜超过 6m，剪刀撑宽度应为 3m~5m（图 2-15）。

竖向剪刀撑斜杆与地面的倾角应为 45°~60°，水平剪刀撑与支架纵（或横）向夹角应为 45°~60°。

剪刀撑斜杆的接长应符合下列规定：

1）当立杆采用对接接长时，立杆的对接扣件应交错布置，两根相邻立杆的接头不应设置在同步内，同步内隔一根立杆的两个相隔接头在高度方向错开的距离不宜小于 500mm；各接头中心至主节点的距离不宜大于步距的 1/3。

2）当立杆采用搭接接长时，搭接长度不应小于 1m，并应采用不少于 2 个旋转和扣件固定。端部扣件盖板的边缘至杆端距离不应小于 100mm。

剪刀撑应用旋转扣件固定在与之相交的水平杆或立杆上，旋转扣件中心线至主节点

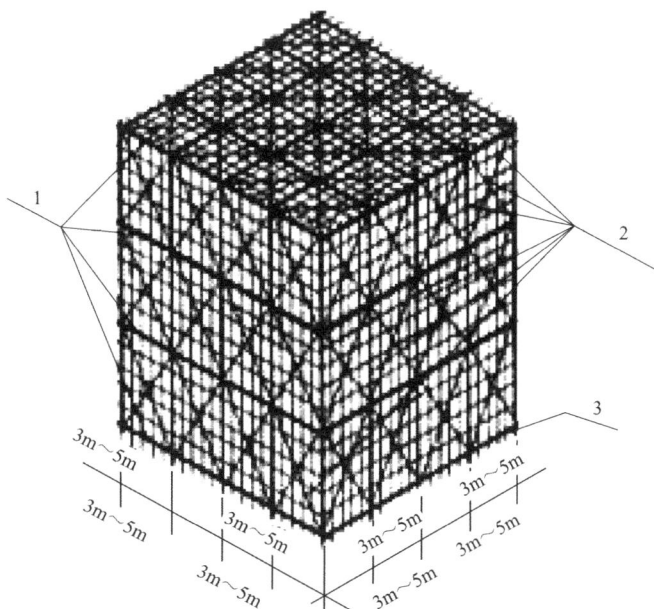

图 2-15 加强型水平、竖向剪刀撑布置图
1—水平剪刀撑；2—竖向剪刀撑；3—扫地设置层

的距离不宜大于 150mm。

（5）可调底座、可调托撑

满堂支撑架的可调底座、可调托撑螺杆伸出长度不宜超过 300mm，插入立杆内的长度不得小于 150mm。

当满堂支撑架高宽比大于 2 或 2.5 时，满堂支撑架应在支架四周和中部与结构柱进行刚性连接，连墙件水平间距应为 6m~9m，竖向间距应为 2m~3m。在无结构柱部位应采取预埋钢管等措施与建筑结构进行刚性连接，在有空间部位，满堂支撑架宜超出顶部加载区投影范围向外延伸布置（2~3）跨。支撑架高宽比不应大于 3。

2. 面板的尺寸设计

根据施工图样的结构尺寸，优先选用通用、大块模板，使其种类和 面板的尺寸设计
块数最少。配板原则如下：

1）优先选用通用规格及大规格的模板，这样模板的整体性好，装拆工效高。

2）合理排列模板，宜以其长边沿梁、板、墙的长度方向或柱的方向排列，以利于使用长度规格大的模板，并扩大模板的支撑跨度。模板端头接缝宜错开布置，以提高模板的整体性，并使模板在长度方向易保持平直。

3）如果使用钢模板，应合理使用角模。对无特殊部位要求的阳角，可不用阳角模，而用连接角模代替。阴角模宜用于长度大的阴角，柱头、梁口及其他短边转角处可用方木嵌补。

4）便于模板支承件的布置。使用钢模板时，对面积较方整的预拼装大模板及钢模端头接缝集中在一条线上时，直接支承钢模的钢楞，其间距布置要考虑接缝位置，应使每块钢模都有两道钢楞支承。对端头错缝连接的模板，其直接支承钢模的钢楞的间距，可不受接缝位置的限制。

面板的尺寸设计，首先应按单位工程中不同断面尺寸和长度，统计出各构件所需配制模板的数量，并编号、列表。

2.3 模板体系验证

2.3.1 模板体系验证规定

1. 荷载及变形值的规定

（1）荷载标准值

1）永久荷载标准值

① 模板及其支架自重标准值（G_{1k}）应根据模板设计图纸计算确定。肋形或无梁楼板模板自重标准值应按表 2-7 采用。

永久荷载的规定

楼板模板自重标准值（kN/m^2）　　　　　　　表 2-7

模板构件的名称	木模板	定型组合钢模板
平板的模板及小梁	0.30	0.50
楼板模板(其中包括梁的模板)	0.50	0.75
楼板模板及其支架 （楼层高度为 4m 以下）	0.75	1.10

② 新浇筑混凝土自重标准值（G_{2k}），对普通混凝土可采用 $24kN/m^3$，其他混凝土可根据实际重力密度参照表 2-8 确定。

常用混凝土材料自重表（kN/m^3）　　　　　　　表 2-8

材料名称	自重	备注
素混凝土	22~24	振捣或不振捣
矿渣混凝土	20	
焦渣混凝土	16~17	承重用
焦渣混凝土	10~14	填充用
铁屑混凝土	28~65	
浮石混凝土	9~14	
泡沫混凝土	4~6	
钢筋混凝土	24~25	

③ 钢筋自重标准值（G_{3k}）应根据工程设计图确定。对一般梁板结构每立方米钢筋混凝土的钢筋自重标准值：楼板可取 1.1kN；梁可取 1.5kN。

④ 当采用内部振捣器时，新浇筑的混凝土作用于模板的侧压力标准值（G_{4k}），可按下列公式计算，并取其中的较小值：

$$F = 0.22\gamma_c t_o \beta_1 \beta_2 V^{\frac{1}{2}} \qquad (2-1)$$

$$F = \gamma_c H \qquad (2-2)$$

式中　F——新浇混凝土对模板的侧压力计算值（kN/m²）；

γ_c——混凝土的重力密度（kN/m³）；

V——混凝土的浇筑速度（m/h）；

t_o——新浇混凝土的初凝时间（h），可按试验确定；当缺乏试验资料时，可采用

$t_o = 200/(T+15)$（T 为混凝土的温度℃）

β_1——外加剂影响修正系数；不掺外加剂时取 1.0，掺具有缓凝作用的外加剂时取 1.2；

β_2——混凝土坍落度影响修正系数；当坍落度小于 30mm 时，取 0.85；坍落度为 50～90mm 时，取 1.00；坍落度为 110～150mm 时，取 1.15；

H——混凝土侧压力计算位置处至新浇混凝土顶面的总高度（m）；混凝土侧压力的计算分布图形如图 2-16 所示，图中 $h = F/\gamma_c$，h 为有效压头高度。

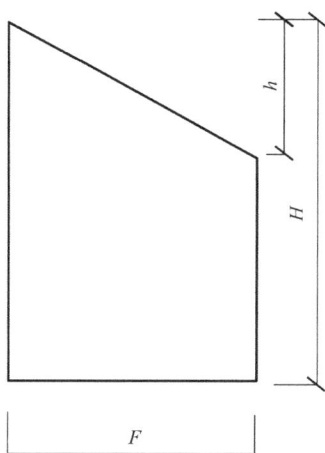

图 2-16　混凝土侧压力计算分布图

2）可变荷载标准值

① 施工人员及设备荷载标准值（Q_{1k}），当计算模板和直接支承模板的小梁时，均布荷载可取 2.5kN/m²，再用集中荷载 2.5kN 进行验算，比较两者所得的弯矩值取其大值；当计算直接支承小梁的主梁时，均布活荷载标准值可取 1.5kN/m²；当计算支架立柱及其他支承结构构件时，均布活荷载标准值可取 1.0kN/m²。

注：1. 对大型浇筑设备，如上料平台、混凝土送泵等按实际情况计算；采用布料机上料进行浇筑混凝土时，活荷载标准值取 4kN/m²。

2. 混凝土堆积高度超过 100mm 以上者按实际高度计算。

3. 模板单块宽度小于 150mm 时，集中荷载可分布于相邻的 2 块板面上。

② 振捣混凝土时产生的荷载标准值（Q_{2k}），对水平模板可采用 2kN/m²，对垂直面模板可采用 4kN/m²，且作用范围在新浇筑混凝土侧压力的有效压头高度之内。

③ 倾倒混凝土时，对垂直面模板产生的水平荷载标准值（Q_{3k}）可按表 2-9 采用。

倾倒混凝土时产生的水平荷载标准值（kN/m²）　表 2-9

向模板内供料方法	水平荷载
溜槽、串筒或导管	2
容量小于 0.2m³ 的运输器具	2
容量为 0.2~0.8m³ 的运输器具	4
容量大于 0.8m³ 的运输器具	6

注：作用范围在有效压头高度以内。

3）风荷载标准值

风荷载标准值应按现行国家标准《建筑结构荷载规范》GB50009—2012 中的规定计算，其中基本风压值应按该规范附表 D.4 中 $n = 10$ 年的规定采用，并取风振系数 $\beta_Z = 1$。

可变荷载及风荷载的规定

（2）荷载设计值

1）计算模板及支架结构或构件的强度、稳定性和连接强度时，应采用荷载设计值（荷载标准值乘以荷载分项系数）。

2）用计算正常使用极限状态的变形时，应采用荷载标准值。

3）荷载分项系数应按表 2-10 采用。

荷载分项系数　表 2-10

荷载类别	分项系数 γ_i
模板及支架自重标准值（G_{1k}）	永久荷载的分项系数：
新浇混凝土自重标准值（G_{2k}）	（1）当其效应对结构不利时：应取 1.3
钢筋自重标准值（G_{3k}）	（2）当其效应对结构有利时：一般情况应取 1；对结构的倾覆、滑移验算，应取 0.9
新浇混凝土对模板的侧压力标准值（G_{4k}）	
施工人员及施工设备荷载标准值（Q_{1k}）	可变荷载的分项系数：
振捣混凝土时产生的荷载标准值（Q_{2k}）	一般情况下应取 1.5
倾倒混凝土时产生的荷载标准值（Q_{3k}）	
风荷载（ω_k）	1.5

4）钢面板及支架作用荷载设计值可乘以系数 0.95 进行折减。当采用冷弯薄壁型钢时，其荷载设计值不应折减。

（3）荷载组合

1）按极限状态设计时的荷载组合

① 对于承载能力极限状态，应按荷载效应的基本组合采用，并应采用下列设计表达式进行模板设计：

$$r_o S \leqslant R \qquad (2-3)$$

荷载组合

式中　r_o——结构重要性系数，其值按 0.9 采用；

S——荷载效应组合的设计值；

R——结构构件抗力的设计值，应按各有关建筑结构设计规范的规定确定。

对于基本组合，荷载效应组合的设计值 S 应按下式确定：

$$S = \gamma_G G_{ik} + \sum_{i=1}^{n} \gamma_{Qi} \varphi_{ci} Q_{ik} \qquad (2-4)$$

式中　φ_{ci}——可变荷载 Q_i 的组合值系数，当按现行国家标准《建筑结构荷载规范》GB50009—2012 中的规定采用。模板中规定的各可变荷载组合值系数可为 0.7。

注：a. 基本组合中的设计值仅适用于荷载与荷载效应为线性的情况；

　　b. 当对 Q_{1k} 无明显判断时，轮次以各可变荷载效应为 Q_{1k}，选其中最不利的荷载效应组合；

　　c. 当考虑以竖向的永久荷载效应控制的组合时，参与组合的可变荷载仅限于竖向荷载。

② 对于正常使用极限状态应采用标准组合，并应按下列设计表达进行设计：

$$S \leqslant C \qquad (2-5)$$

式中　C——结构或结构构件达到正常使用要求的规定限值，应符合本节有关变形值的规定。

对于标准组合，荷载效应组合设计值 S 应按下式采用：

$$S = \sum_{i=1}^{n} G_{ik} \qquad (2-6)$$

2）计算模板及其支架荷载组合的荷载类别

参与计算模板及其支架荷载效应组合的各项荷载的标准值组合应符合表 2-11 的规定。

模板及其支架荷载效应组合的各项荷载标准值组合　　　　　表 2-11

项目		参与组合的荷载类别	
		计算承载能力	验算挠度
1	平板和薄壳的模板及支架	$G_{1K}+G_{2K}+G_{3K}+Q_{1K}$	$G_{1K}+G_{2K}+G_{3K}$
2	梁和拱模板的底板及支架	$G_{1K}+G_{2K}+G_{3K}+Q_{2K}$	$G_{1K}+G_{2K}+G_{3K}$
3	梁、拱、柱（边长不大于 300mm）、墙（厚度不大于 100mm）的侧面模板	$G_{4K}+Q_{2K}$	G_{4K}
4	大体积结构、柱（边长大于 300mm）、墙（厚度大于 100mm）的侧面模板	$G_{4K}+Q_{3K}$	G_{4K}

注：验算挠度应采用荷载标准值；计算承载能力应采用荷载设计值。

（4）变形值规定

1）普通模板及其支架变形值的规定

当验算模板及其支架的刚度时，其最大变形值不得超过下列容许值：

① 对结构表面外露的模板，为模板构件计算跨度的 1/400；

② 对结构表面隐蔽的模板，为模板构件计算跨度的 1/250；

③ 支架的压缩变形或弹性挠度，为相应的结构计算跨度的 1/1000。

2）组合钢模板变形值的规定

组合钢模板结构或其构配件的最大变形值不得超过表 2-12 的规定。

组合钢模板及构配件的容许变形值（mm）   表 2-12

部件名称	容许变形值
钢模板的面板	≤1.5
单块钢模板	≤1.5
钢楞	$L/500$ 或 ≤3.0
柱箍	$B/500$ 或 ≤3.0
桁架、钢模板结构体系	$L/1000$
支撑系统累计	≤4.0

注：L 为计算跨度，B 为柱宽。

3）模板结构构件的长细比应符合下列规定

① 受压构件长细比：支架立柱及桁架，不应大于 150，拉条、缀条、斜撑等连系构件，不应大于 200；

② 受压构件长细比：钢杆件，不应大于 350，木杆件，不应大于 250。

2.3.2　现浇混凝土模板计算

现浇混凝土模板计算一般按照面板设计、支承楞梁计算、对拉螺栓计算、柱箍计算、立柱计算、立柱底地基承载力计算和整体模板的稳定性计算等 7 方面进行计算验证。

1. 面板设计

面板可按简支跨计算，应验算跨中和悬臂端的最不利抗弯强度和挠度。

（1）抗弯强度计算

1）钢面板抗弯强度应按下式计算：

面板设计计算

$$\sigma = \frac{M_{max}}{W_n} \leqslant f \qquad (2-7)$$

式中　M_{max}——最不利弯矩设计值，取均布荷载与集中荷载分别作用时计算结果的大值；

　　　　W_n——净截面抵抗矩，按表 2-13 或表 2-14 查取；

　　　　f——钢材的抗弯强度设计值，应按表 2-15 或表 2-16 的规定采用。

组合钢模板 2.3mm 厚面板力学性能　　　　　　表 2-13

模板宽度 （mm）	截面积 A（mm²）	中性轴位置 Y_0（mm）	X轴截面惯性矩 I_x（cm⁴）	截面最小抵抗矩 W_x（cm³）	截面简图
300	1080 （978）	11.1 （10.0）	27.91 （26.39）	6.36 （5.86）	
250	965 （863）	12.3 （11.1）	26.62 （25.38）	6.23 （5.78）	
200	702 （639）	10.6 （9.5）	17.63 （16.62）	3.97 （3.65）	
150	587 （524）	12.5 （11.3）	16.40 （15.64）	3.86 （3.58）	
100	472 （409）	15.3 （14.2）	14.54 （14.11）	3.66 （3.46）	

注：1. 括号内数据为净截面。
　　2. 表中各种宽度的模板，其长度规格有：1.5、1.2、0.9、0.75、0.6m 和 0.45m；高度全为 55mm。

组合钢模板 2.5mm 厚面板力学性能　　　　　　表 2-14

模板宽度 （mm）	截面积 A （mm²）	中性轴位置 Y_0（mm）	X轴截面惯性矩 I_x（cm⁴）	截面最小抵抗矩 W_x（cm³）	截面简图
300	114.4 （104.0）	10.7 （9.6）	28.59 （26.97）	6.45 （5.94）	
250	101.9 （91.5）	11.9 （10.7）	27.33 （25.93）	6.34 （5.86）	
200	76.3 （69.4）	10.7 （9.6）	19.06 （17.93）	4.3 （3.96）	
150	63.8 （56.9）	12.6 （11.4）	17.71 （16.91）	4.18 （3.88）	
100	51.3 （44.4）	15.3 （14.3）	15.72 （15.25）	3.96 （3.75）	

注：1. 括号内数据为净截面。
　　2. 表中各种宽度的模板，其长度规格有：1.5、1.2、0.9、0.75、0.6m 和 0.45m；高度全为 55mm。

钢材的强度设计值（N/mm²）　　　　　　表 2-15

钢材		抗拉、抗压 和抗弯 f	抗剪 f_v	端面承压（刨平顶紧） f_{ce}
牌号	厚度或直径（mm）			
Q235 钢	≤16	215	125	325
	＞16~40	205	120	
	＞40~60	200	115	
	＞60~100	190	110	

钢材		抗拉、抗压和抗弯 f	抗剪 f_v	端面承压(刨平顶紧) f_{ce}
牌号	厚度或直径(mm)			
Q345 钢	≤16	310	180	400
	>16~35	295	170	
	>35~50	265	155	
	>50~100	250	145	
Q390 钢	≤16	350	205	415
	>16~35	335	190	
	>35~50	315	180	
	>50~100	295	170	
Q420 钢	≤16	380	220	440
	>16~35	360	210	
	>35~50	340	195	
	>50~100	325	185	

注：表中厚度系指计算点的钢材厚度，对轴心受拉和轴心受压构件系指截面中较厚板件的厚度。

冷弯薄壁型钢钢材的强度设计值（N/mm²）　　　　表 2-16

钢材牌号	抗拉、抗压和抗弯 f	抗剪 f_v	端面承压(磨平顶紧) f_{ce}
Q235 钢	205	120	310
Q345 钢	300	175	400

2）木面板抗弯强度应按下式计算：

$$\sigma_m = \frac{M_{max}}{W_m} \leqslant f_m \qquad (2-8)$$

式中　　W_m——木板毛截面抵抗矩；

　　　　f_m——木材抗弯强度设计值，按表 2-17~表 2-19 的规定采用。

木材的强度设计值和弹性模量（N/mm²）　　　　表 2-17

强度等级	组别	抗弯 f_m	顺纹抗压及承压 f_c	顺纹抗拉 f_t	顺纹抗剪 f_v	横纹承压 $f_{c,90}$			弹性模量 E
						全表面	局部表面和齿面	拉力螺栓垫板下	
TC17	A	17	16	10	1.7	2.3	3.5	4.6	10000
	B		15	9.5	1.6				
TC15	A	15	13	9.0	1.6	2.1	3.1	4.2	10000
	B		12	9.0	1.5				
TC13	A	13	12	8.5	1.5	1.9	2.9	3.8	10000
	B		10	8.0	1.4				9000

续表

强度等级	组别	抗弯 f_m	顺纹抗压及承压 f_c	顺纹抗拉 f_t	顺纹抗剪 f_v	横纹承压 $f_{c,90}$			弹性模量 E
						全表面	局部表面和齿面	拉力螺栓垫板下	
TC11	A	11	10	7.5	14	1.8	2.7	3.6	9000
	B		10	7.0	1.2				
TB20	—	20	18	12	2.8	4.2	6.3	8.4	12000
TB17	—	17	16	11	2.4	3.8	3.7	7.6	11000
TB15	—	15	14	10	2.0	3.1	4.7	6.2	10000
TB13	—	13	12	9.0	1.4	2.4	3.6	4.8	8000
TB11	—	11	10	8.0	1.3	2.1	3.2	4.1	7000

注：计算木构件端部（如接头处）的拉力螺栓垫板时，木材横级承压强度设计值应按"局部表面和齿面"一栏的数值采用。

不同适用条件下木材强度设计值和弹性模量的调整系数　　　　表 2-18

使用条件	调整系数	
	强度设计值	弹性模量
露天环境	0.9	0.85
长期生产性高温环境，木材表面温度达 40~50℃	0.8	0.8
按恒荷载验算时	0.8	0.8
用在木构筑物时	0.9	1.0
施工和维修时的短暂情况	1.2	1.0

注：1. 当仅有恒荷载或恒荷载产生的内力超过全部荷载所产生的内力的 80% 时，应单独以恒荷载进行验算。
　　2. 当若干条件同时出现时，表列各系数应连乘。

不同设计使用年限时木材强度设计值和弹性模量的调整系数　　　表 2-19

设计使用年限	调整系数	
	强度设计值	弹性模量
5 年	1.1	1.1
25 年	1.05	1.05
50 年	1.0	1.0
100 年及以上	0.9	0.9

3）胶合板面板抗弯强度应按下式计算：

$$\sigma_j = \frac{M_{max}}{W_j} \leqslant f_{jm} \tag{2-9}$$

式中　　W_j——胶合板毛截面抵抗矩；

　　　　f_{jm}——胶合板的抗弯强度设计值，应按表 2-20~表 2-22 采用。

覆面竹胶合板抗弯强度设计值和弹性模量

表 2-20

项目	板厚度（mm）	板的层数	
		3 层	5 层
抗弯强度设计值（N/mm²）	15	37	35
弹性模量（N/mm²）	15	10584	9898
冲击强度（J/cm²）	15	8.3	7.9
胶合强度（N/mm²）	15	3.5	5.0
握钉力 M（N/mm²）	15	120	120

覆面木胶合板抗弯强度设计值和弹性模量

表 2-21

项目	板厚度（mm）	表面材料					
		克隆、山樟		桦木		板质材	
		平行方向	垂直方向	平行方向	垂直方向	平行方向	垂直方向
抗弯强度设计值（N/mm²）	12	31	10	24	10	12.5	29
	15	30	21	22	17	12.0	26
	18	29	21	20	15	11.5	25
弹性模量（N/mm²）	12	11.5×10³	7.3×10³	10×10³	4.7×10³	4.8×10³	9.0×10³
	15	11.5×10³	7.1×10³	10×10³	5.0×10³	4.2×10³	9.0×10³
	18	11.5×10³	7.0×10³	10×10³	5.4×10³	4.0×10³	8.0×10³

覆合纤维板抗弯强度设计值和弹性模量

表 2-22

项目	板厚度（mm）	受力方向	
		横向	纵向
抗弯强度设计值（N/mm²）	≥12	14~16	27~38
弹性模量（N/mm²）	≥12	6.0×10³	6.0×10³
垂直表面抗拉强度设计值（N/mm²）	≥12	>1.8	>1.8

（2）挠度应按下列公式进行验算：

$$v = \frac{5q_{\text{g}}L^4}{384EI_{\text{x}}} \leqslant [v] \qquad (2-10)$$

或

$$v = \frac{5q_{\text{g}}L^4}{384EI_{\text{x}}} + \frac{PL^3}{48EI_{\text{x}}} \leqslant [v] \qquad (2-11)$$

式中　q_{g}——恒荷载均布线荷载标准值；

P——集中荷载标准值；

E——弹性模量；

I_{x}——截面惯性矩；

L——面板计算跨度；

$[v]$——容许挠度。钢模板应按表 2-12 采用，木和胶合板面板应按本教材 2.3.1 采用。

【例1】 组合钢模板块 P3012，宽 300mm，长 1200mm，钢板厚 2.5mm，钢模板两端支承在钢楞上，用作浇筑 220mm 厚的钢筋混凝土楼板，试验算钢模板的强度与挠度。

【解】

1 强度验算

（1）计算时两端按简支板考虑，其计算跨度 l 取 1.2m。

（2）荷载计算按 2.3.1 节规定应取均布荷载或集中荷载两种作用效应考虑，计算结果取其大值：

钢模板自重标准值 340N/m²；

220mm 厚新浇混凝土板自重标准值 24000×0.22＝5280N/m²

钢筋自重标准值 1100×0.22＝242N/m²

施工活荷载标准值 2500N/m² 及跨中集中荷载 2500N 考虑两种情况分别作用。

均布线荷载设计值为：

$$q_1 = 0.9 \times [1.3 \times (340 + 5280 + 242) + 1.5 \times 2500] \times 0.3$$
$$= 3070 \text{N/m}$$

应取 $q_1 = 3070$N/m 作为设计依据。

集中荷载设计值：

模板自重线荷载设计值 $q_2 = 0.9 \times 0.3 \times 1.3 \times 340 = 119$N/m

跨中集中荷载设计值 $P = 0.9 \times 1.5 \times 2500 = 3375$N

（3）强度验算

施工荷载为均布线荷载：

$$M_1 = \frac{q_1 l^2}{8} = \frac{3070 \times 1.2^2}{8} = 552.6 \text{N} \cdot \text{m}$$

施工荷载为集中荷载：

$$M_2 = \frac{q_2 l^2}{8} + \frac{Pl}{4} = \frac{119 \times 1.2^2}{8} + \frac{3375 \times 1.2}{4} = 1033.9 \text{N} \cdot \text{m}$$

由于 $M_2 > M_1$，故应采用 M_2 验算强度。并查表 1-14 板宽 300mm 得净截面抵抗矩 $W_n = 5940$ mm³

则 $\sigma = \dfrac{M_2}{W_n} = \dfrac{1033900}{5940} = 174.06 \text{ N/mm}^2 < f = 205 \text{N/ mm}^2$

强度满足要求。

2 挠度验算

验算挠度时不考虑可变荷载值，仅考虑永久荷载标准值，故其作用效应的线荷载设计值如下：

$$q = 0.3 \times (340 + 5280 + 242) = 1758.6 \text{N/m} = 1.7586 \text{N/mm}$$

故实际设计挠度值为：

$$v = \frac{5ql^4}{384EI_x} = \frac{5 \times 1.7586 \times 1200^4}{384 \times 2.06 \times 10^5 \times 269700} = 0.85\text{mm}$$

上式中查表得 $E = 2.06 \times 10^5$；查表 2-14 得板宽 300mm 的净截面惯性矩 $I_x = 269700\text{mm}^4$；查表 2-12 得容许挠度为 1.5mm，故挠度满足要求。

木面板及胶合板面板其计算程序和方法与钢面板相同。

2. 支承楞梁计算

支承楞梁计算时，次楞一般为 2 跨以上连续楞梁，当跨度不等时，应按不等跨度连续楞梁或悬臂楞梁设计；主楞可根据实际情况按连续梁、简支梁或悬臂梁设计；同时主次楞梁均应进行最不利抗弯强度与挠度计算。

支承楞梁计算

（1）次、主楞梁抗弯强度计算

1）次、主钢楞梁抗弯强度应按下式计算：

$$\sigma = \frac{M_{max}}{W} \leqslant f \tag{2-12}$$

式中　M_{max}——最不利弯矩设计值。应从均布荷载产生的弯矩设计值 M_1、均布荷载与集中荷载产生的弯矩设计值 M_2 和悬臂端产生的弯矩设计值 M_3 三者中，选取计算结果较大者；

　　　　W——截面抵抗矩，按表 2-23 查用；

　　　　f——钢材抗弯强度设计值，按表 2-15、表 2-16 采用。

各种型钢钢楞和木楞力学性能 表 2-23

	规格 （mm）	截面积 A （mm^2）	重量 （N/m）	截面惯性矩 I_x （cm^4）	截面最小抵抗矩 W_x （cm^2）
扁钢	−70×5	350	27.5	14.29	4.08
角钢	L75×25×3.0	291	22.8	17.17	3.76
	L80×35×3.0	330	25.9	22.49	4.17
钢管	φ48×3.0	424	33.3	10.78	4.49
	φ48×3.5	489	38.4	12.19	5.08
	φ51×3.5	522	41.0	14.81	5.81
矩形钢管	□60×40×2.5	457	35.9	21.88	7.29
	□80×40×2.0	452	35.5	37.13	9.28
	□100×50×3.0	864	67.8	112.12	22.42
薄壁冷弯槽钢	⌷80×40×3.0	450	35.3	43.92	10.98
	⌷100×50×3.0	570	44.7	88.52	12.20

续表

规格 （mm）	截面积 A （mm²）	重量 （N/m）	截面惯性矩 I_x （cm⁴）	截面最小抵抗矩 W_x （cm²）
内卷边 槽钢 ［80×40×15×3.0	508	39.9	48.92	12.23
［100×50×20×3.0	658	51.6	100.28	20.06
槽钢 ［80×43×5.0	1024	80.4	101.30	25.30
矩形 木楞 50×100	5000	30.0	416.67	83.33
60×90	5400	32.4	364.50	81.00
80×80	6400	38.4	341.33	85.33
100×100	10000	60.0	833.33	166.67

2）次、主铝合金楞梁抗弯强度应按下式计算：

$$\sigma = \frac{M_{max}}{W} \leqslant f_m \qquad (2-13)$$

式中　f_m——铝合金抗弯强度设计值，按表 2-24 采用。

铝合金型材的强度设计值（N/mm²）　　　　表 2-24

牌号	材料 状态	壁厚 （mm）	抗拉、抗压、抗弯 强度设计值f_{1m}	抗剪强度设计值 f_{LV}
LD₂	Cs	所有尺寸	140	80
LY₁₁	Cz	≤10.0	146	84
	Cs	10.1~20.0	153	88
LY₁₂	Cz	≤5.0	200	116
		5.1~10.0	200	116
		10.1~20.0	206	119
LC₄	Cs	≤10.0	293	170
		10.1~20.0	300	174

注：材料状态代号名称：Cz—淬火（自然时效）；Cs—淬火（人工时效）。

3）次、主木楞梁抗弯强度应按下式计算：

$$\sigma = \frac{M_{max}}{W} \leqslant f_m \qquad (2-14)$$

f_m——木材抗弯强度设计值，按表 2-17~表 2-19 采用。

4）次、主钢桁架梁计算应按下列步骤进行：

① 钢桁架应优先选用角钢、扁钢和圆钢筋制成；

② 正确确定计算简图（图 2-17~图 2-19）；

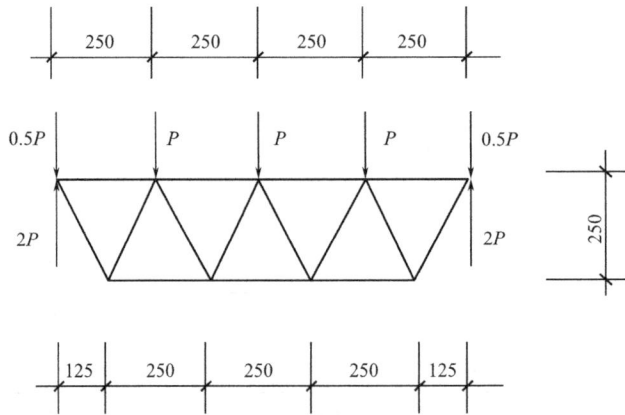

图 2-17　轻型桁架计算简图示意

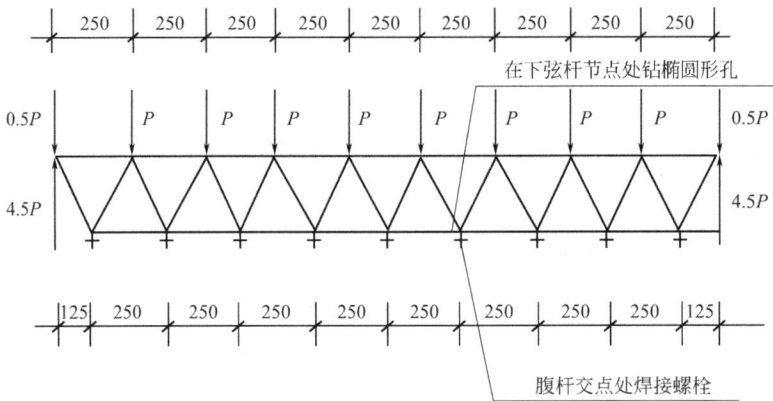

图 2-18　曲面可变桁架计算简图示意

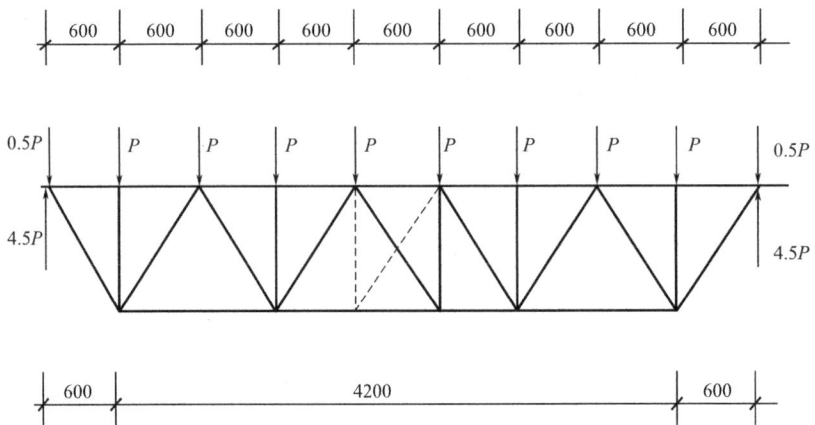

图 2-19　可调桁架跨长计算简图示意

③ 分析和准确求出节点集中荷载 P 值;

④ 求解桁架各杆件的内力；

⑤ 选择截面交应按下列公式核验杆件内力：

拉杆
$$\sigma = \frac{N}{A} \leqslant f \tag{2-15}$$

压杆
$$\sigma = \frac{N}{\varphi A} \leqslant f \tag{2-16}$$

式中　N——轴向拉力或轴心压力；

　　　A——杆件截面面积；

　　　φ——轴心受压杆件稳定系数；

　　　f——钢材抗拉、抗压强度设计值。按表 2-15、表 2-16 采用。

（2）次、主楞梁抗剪强度计算

1）在主平面内受弯的钢实腹构件，其抗剪强度应按式（2-17）计算：

$$\tau = \frac{V S_0}{I t_{\mathrm{w}}} \leqslant f_{\mathrm{v}} \tag{2-17}$$

式中　V——计算截面沿腹板平面作用的剪力设计值；

　　　S_0——计算剪力应力处以上毛截面对中和轴的面积矩；

　　　I——毛截面惯性矩；

　　　t_{w}——腹板厚度；

　　　f_{v}——钢材的抗剪强度设计值，查表 2-15、表 2-16。

2）在主平面内受弯的木实截面构件，其抗剪强度应按式（2-18）计算：

$$\tau = \frac{V S_{\mathrm{o}}}{I b} \leqslant f_{\mathrm{m}} \tag{2-18}$$

式中　b——构件的截面宽度；

　　　f_{m}——木材顺纹抗剪强度设计值，查表 2-17~表 2-19；

其余符号同式（2-17）。

（3）挠度计算

1）简支楞梁应按式（2-10）或式（2-11）验算。

2）连续楞梁可按结构力学的方法进行验算。

3）桁架可近似地按有 n 个节间在集中荷载作用下的简支梁考虑，采用下列简化公式验算：

当 n 为奇数节间，集中荷载 P 布置如图 2-20 所示，挠度验算公式为：

$$v = \frac{(5n^4 + 4n^2 - 1)PL^3}{384 n^3 EI} \leqslant [v] = \frac{L}{1000} \tag{2-19}$$

当 n 为奇数节间，集中荷载 P 布置如图 2-21 所示，挠度验算公式为：

$$v = \frac{(5n^4 + 2n^2 + 1)PL^3}{384n^3EI} \leqslant [v] = \frac{L}{1000} \qquad (2\text{-}20)$$

当 n 为偶数节间，集中荷载 P 布置如图 2-20 所示，挠度验算公式为：

$$v = \frac{(5n^2 - 4)PL^3}{384nEI} \leqslant [v] = \frac{L}{1000} \qquad (2\text{-}21)$$

当 n 为偶数节间，集中荷载 P 布置如图 2-21，挠度验算公式为：

$$v = \frac{(5n^2 + 2)PL^3}{384nEI} \leqslant [v] = \frac{L}{1000} \qquad (2\text{-}22)$$

式中　n——集中荷载 P 将全跨等分节间的个数；

　　　P——集中荷载设计值；

　　　L——桁架计算跨度值；

　　　E——钢材的弹性模量；

　　　I——跨中上、下弦及腹杆的毛截面惯性矩。

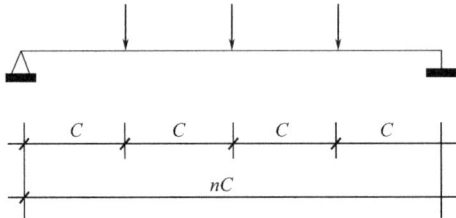

图 2-20　桁架节点集中荷载布置图（全跨等分）

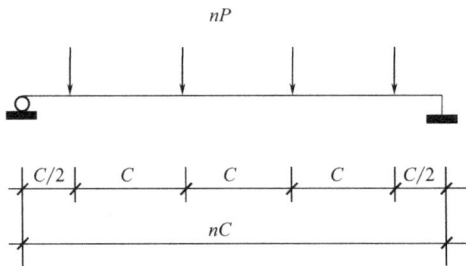

图 2-21　桁架节点集中荷载布置图（中间等分）

【例 2】　按例 1 的条件，于组合钢模板的两端各用一根矩形钢管支承，其规格为 □100×50×3，间距 600mm，$l = 2100$mm。

试验算其强度与挠度。

【解】

1　强度验算

（1）按简支考虑，其计算跨度 $l = 2100$mm；

（2）荷载计算　按例 1 采用，即：

钢模板自重标准值 $340N/m^2$；

新浇混凝土自重标准值 $5280N/m^2$；

钢筋自重标准值 $242N/m^2$；

钢楞梁自重标准值 $113N/m^2$；

施工活荷载标准值 $2500N/m^2$ 及跨中集中荷载 $2500N$ 考虑两种情况。

均布线荷载设计值为：

$$q_1 = 0.9 \times [1.3 \times (340+5280+242+113) + 1.5 \times 2500] \times 0.6$$
$$= 6219.5N/m$$

应取 $q_1 = 6219.5N/m$ 作为小楞的设计依据。

集中荷载设计值为：

小楞自重线荷载设计值 $q_2 = 0.9 \times 0.6 \times 1.3 \times 113 = 79.33N/m$

跨中集中荷载设计值 $P = 0.9 \times 1.5 \times 2500 = 3375N$

（3）强度验算

施工荷载为均布线荷载：

$$M_1 = \frac{q_1 l^2}{8} = \frac{6219.5 \times 2.1^2}{8} = 3428.50N \cdot m$$

施工荷载为集中荷载：

$$M_2 = \frac{q_2 l^2}{8} + \frac{Pl}{4} = \frac{79.33 \times 2.1^2}{8} + \frac{3375 \times 2.1}{4}$$
$$= 1815.61N \cdot m$$

由于 $M_1 > M_2$，故应采用 M_1 验算强度，并查表 2-23，按小楞规格查得 $W_x = 22420\ mm^3$，$I_x = 1121200\ mm^4$。

则 $\sigma = \dfrac{M_1}{W_x} = \dfrac{3428500}{22420} = 152.92N/mm^2 < f = 205\ N/mm^2$

强度满足要求。

2 挠度验算

验算挠度时不考虑可变荷载值，仅考虑永久荷载标准值，故其作用效应的标准线荷载值如下：

$$q = 0.6 \times (340+5280+242+113) = 3585N/mm = 3.585N/m$$

故实际设计挠度值为：

$$v = \frac{5ql^4}{384EI_x} = \frac{5 \times 3.585 \times 2100^4}{384 \times 2.06 \times 10^5 \times 1121200} = 3.93mm$$

根据表 2-12 查得钢楞容许值 $[v] = \dfrac{l}{500} = 4.2mm$，符合要求。

铝合金楞梁、木楞梁计算程序及方法与钢楞同。桁架楞梁计算从略。

3. 对拉螺栓计算

对拉螺栓计算

对拉螺栓用于连接内外侧模和保持两者之间的间距，承受混凝土的侧压力和其他荷载。并应确保内、外侧模能满足设计要求的强度、刚度和整体性。

对拉螺栓强度应按下列公式计算：

$$N = abF_s \tag{2-23}$$

$$N_t^b = A_n f_t^b \tag{2-24}$$

$$N_t^b > N \tag{2-25}$$

式中　N——对拉螺栓最大轴力设计值；

N_t^b——对拉螺栓轴向拉力设计值，按表 2-25 采用；

a——对拉螺栓横向间距；

b——对拉螺栓竖向间距；

F_s——新浇混凝土作用于模板上的侧压力、振捣混凝土对垂直模板产生的水平荷载或倾倒混凝土时作用于模板上的侧压力设计值：

$$F_s = 0.95(r_G F + r_Q F Q_{3k}) \text{ 或 } F_s = 0.95(r_G G_{4k} + r_Q Q_{3k}) ; \tag{2-26}$$

其中 0.95 为荷载值折减系数；

A_n——对拉螺栓净截面面积，按表 2-25 采用；

f_t^b——螺栓的抗拉强度设计值，按表 2-26 采用。

对拉螺栓轴向拉力设计值（N_t^b）　　　　表 2-25

螺栓直径 （mm）	螺栓内径 （mm）	净截面面积 （mm²）	重量 （N/m）	轴向拉力设计值 N_t^b（kN）
M12	9.85	76	8.9	12.9
M14	11.55	105	12.1	17.8
M16	13.55	144	15.8	24.5
M18	14.93	174	20.0	29.6
M20	16.93	225	24.6	38.2
M22	18.93	282	29.6	47.9

螺栓连接的强度设计值（N/mm²）　　　　表 2-26

螺栓的性能等级、锚栓 和构件钢材的牌号		普通螺栓						锚栓	承压型连接 高强度螺栓		
		C 级螺栓			A 级、B 级螺栓						
		抗拉 f_t^b	抗剪 f_v^b	承压 f_c^b	抗拉 f_t^b	抗剪 f_v^b	承压 f_c^b	抗拉 f_t^a	抗拉 f_t^b	抗剪 f_v^b	承压 f_c^b
普通 螺栓	4.6 级 4.8 级	170	140	—	—	—	—	—	—	—	—
	5.6 级	—	—	—	210	190	—	—	—	—	—
	8.8 级	—	—	—	400	320	—	—	—	—	—

螺栓的性能等级、锚栓和构件钢材的牌号		普通螺栓						锚栓	承压型连接高强度螺栓		
		C 级螺栓			A 级、B 级螺栓						
		抗拉 f_t^b	抗剪 f_v^b	承压 f_c^b	抗拉 f_t^b	抗剪 f_v^b	承压 f_c^b	抗拉 f_t^b	抗拉 f_t^b	抗剪 f_v^b	承压 f_c^b
锚栓	Q235 钢	—	—	—	—	—	—	140	—	—	—
	Q345 钢	—	—	—	—	—	—	180	—	—	—
承压型连接高强度螺栓	8.8 级	—	—	—	—	—	—	—	400	250	—
	10.9 级	—	—	—	—	—	—	—	500	310	—
构件	Q235 钢			305			405				470
	Q345 钢			385			510				590
	Q390 钢			400			530				615
	Q420 钢			425			560				655

注：1. A 级螺栓用于 $d \leq 24$mm 和 $l \leq 10d$ 或 $l \leq 150$mm（按较小值）的螺栓，B 级螺栓用于 $d > 24$mm 或 $L > 10d$ 或 $L > 150$mm（按较小值）的螺栓，d 为公称直径，l 为螺杆公称长度。

2. A、B 级螺栓孔的精度和孔壁表面粗糙度，C 级螺栓孔的允许偏差和孔壁表面粗糙度，均应符合现行国家标准《钢结构工程施工质量验收规范》GB 50205 的要求。

【例 3】 已知混凝土对模板的侧压力设计值为 $F = 30$kN/m^2，对拉螺栓间距、纵向、横向均为 0.9m，选用 M16 穿墙螺栓，试验算穿墙栓强度是否满足要求。

【解】

$$N = 0.9 \times 0.9 \times 0.9 \times 30 = 21.87 \text{kN} = 21870 \text{N}$$

查表 1-25 得 M16 $A_n = 144$ mm^2，再查表得 $f_t^b = 170$ N/mm^2，则

$$A_n f_t^b = 144 \times 170 = 24480 \text{N} > 21870 \text{N}$$

满足要求。

4. 柱箍计算

柱箍应采用扁钢、角钢、槽钢和木楞制成，其受力状态应为拉弯杆件，其示意图如图 2-22 所示。

（1）柱箍间距（l_1）计算

柱箍间距（l_1）应按下列各式的计算结果取其小值：

1）柱模为钢面板时的柱箍间距应按式（2-27）计算：

$$L_1 \leq 3.276 \sqrt[4]{\frac{EI}{Fb}} \tag{2-27}$$

式中 L_1——柱箍纵向间距（mm）；

　　E——钢材弹性模量（N/mm^2），按表 2-13、表 2-14 采用；

　　I——柱模板一块板的惯性矩（mm^4），按表 2-13、表 2-14 采用；

柱箍计算

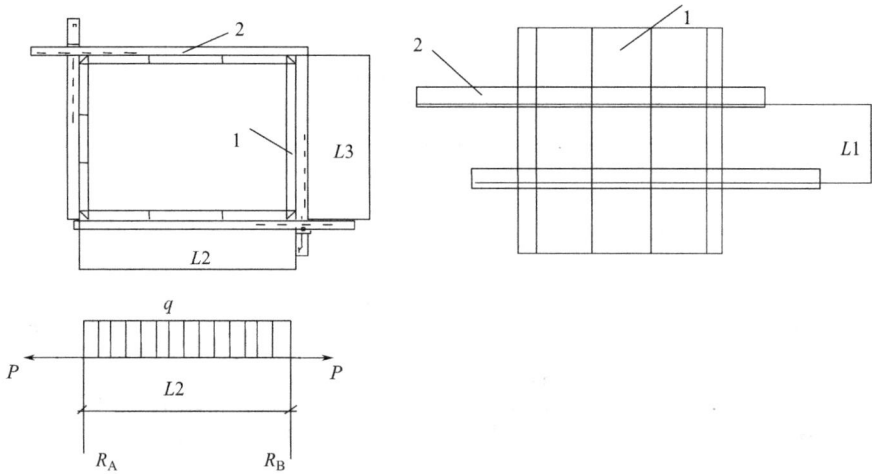

图 2-22　柱箍计算简图

1—钢模板；2—柱箍

F——新浇混凝土作用于柱模板的侧压力设计值（N/mm^2）；

b——柱模板一块板的宽度（mm）。

2）柱模为木面板时的柱箍间距应按下式计算：

$$L_1 \leqslant 0.783 \sqrt[3]{\frac{EI}{Fb}} \qquad (2-28)$$

式中　E——柱木面板的弹性模量（N/mm^2）；

　　　I——柱木面板的惯性矩（mm^4）；

　　　b——柱木面板一块的宽度（mm）。

3）柱箍间距还应按下式计算：

$$l_1 \leqslant \sqrt{\frac{8Wf(\text{或}f_m)}{F_s b}} \qquad (2-29)$$

式中　W——钢或木面板的抵抗矩；

　　　f——钢材抗弯强度设计值；

　　　f_m——木材抗弯强度设计值。

（2）柱箍强度计算

柱箍强度应按拉弯杆件采用下列公式计算：

$$\frac{N}{A_n} + \frac{M_x}{W_{nx}} \leqslant f \text{ 或 } f_m \qquad (2-30)$$

其中

$$N = \frac{ql_3}{2} \qquad (2-31)$$

$$q = F_s l_1 \qquad (2-32)$$

$$M_x = \frac{ql_2^2}{8} = \frac{F_s l_1 l_2^2}{8} \qquad (2-33)$$

式中　N——柱箍轴向拉力设计值；

　　　q——沿柱箍跨向垂直线荷载设计值；

　　　A_n——柱箍净截面面积；

　　　M_x——柱箍承受的弯矩设计值；

　　　W_{nx}——柱箍截面抵抗矩；

　　　l_1——柱箍的间距；

　　　l_2——长边柱箍的计算跨度；

　　　l_3——短边柱箍的计算跨度。

注：当计算结果不满足本式要求时，应减小柱箍间距或加大柱箍截面尺寸。

（3）挠度计算应按式（2-10）进行验算。

【例4】　框架柱截面为 $a \times b = 600 \times 800$（$mm^2$），柱高 $H = 3.0m$，混凝土坍落度为150mm，混凝土浇筑速度为3m/h，倾倒混凝土时产生的水平荷载标准值为 $2.0kN/m^2$，采用组合钢模板，并选用［80×43×5 槽钢作柱箍，试验算其强度与挠度。

【解】

1　求柱箍间距 l_1

柱箍计算简图如图2-22所示：

$$l_1 \leqslant 3.276 \times \sqrt[4]{\frac{EI_x}{Fb}}$$

采用的组合钢模板宽 $b = 300mm$；$E = 2.06 \times 10^5 N/mm^2$；2.5mm 厚的钢面板，查表1-14 得 $I_x = 269700\ mm^4$；其 F_s 计算如下：

根据式（2-27）及式（2-29）计算取其小值：

$$F = 0.22 r_c t_o \beta_1 \beta_2 v^{\frac{1}{2}} = 0.22 \times 24 \times \frac{200}{15+15} \times 1 \times 1.15 \times 3^{\frac{1}{2}} = 70.12 kN/m^2$$

$$F = r_c H = 24 \times 3 = 72.0 kN/m^2$$

根据上两式比较应取 $F = 70.12 kN/m^2$，则设计值为：

$$F_s = 0.9 \times (1.3 \times 70.12 + 1.5 \times 2)$$
$$= 84.74 kN/m^2 = 84740 N/m^2$$

将上述各值代入公式内得：

$$l_1 = 3.276 \sqrt[4]{\frac{2.06 \times 10^5 \times 269700}{70120 \times 300/1000000}} = 742.66mm$$

又根据柱箍所选钢材规格求 l_1 值如下：

$$l_1 \leqslant \sqrt{\frac{8Wf}{F_s b}}$$

根据表 2-14 查得宽 300mm 的组合钢模板 $W = 5940 \text{mm}^3$；

$f = 205 \text{N/mm}^2$；$F_s = 84740 \text{N} \cdot \text{m}^2$；$b = 300 \text{mm}$；代入上式得：

$$l_1 = \sqrt{\frac{8 \times 5940 \times 205}{0.08474 \times 300}} = 619.03 \text{mm}$$

比较两个计算结果，应为 $l_1 \leqslant 619.03 \text{mm}$，故柱箍间距采用 $l_1 = 600 \text{mm}$

2 强度验算

按计算简图 2-21 采用下列公式

$$\frac{N}{A_n} + \frac{M_x}{W_{nx}} \leqslant f$$

$l_2 = b + 100 = 800 + 100 = 900 \text{mm}$（式中 100mm 为模板厚度）；$l_1 = 600 \text{mm}$；$l_3 = a = 600 \text{mm}$；因采用型钢，其荷载设计值应乘以 0.95 的折减系数。所以，柱箍承受的均布线荷载设计值为：

$$q = F_s l_1 = 84740 \times 0.6 = 50844 \text{N/m} = 50.844 \text{kN/mm}$$

柱箍轴向拉力设计值为：

$$N = \frac{q l_3}{2} = \frac{50.844 \times 600}{2} = 15253.2 \text{N}$$

查表 2-23 槽钢 [80×43×5 的各值分别为：$W = 25300 \text{mm}^3$；

$A_n = 1024 \text{mm}^2$；$r_x = 1$；$M_x = \frac{50.844 \times 900^2}{8} = 5147955 \text{N} \cdot \text{mm}$

则代入验算公式，得：

$$\frac{0.95 \times 15253.2}{1024} + \frac{0.95 \times 5147955}{1 \times 25300} = 14.15 + 193.30 = 207.45 \text{N/mm}^2 < f = 215 \text{N/mm}^2$$

满足要求。

3 挠度验算

$$q_g = F l_1 = 70120 \times 0.6 = 42072 \text{N/m} = 42.072 \text{N/mm}$$

查表 2-23 柱箍的截面惯性矩 $I_x = 1013000 \text{mm}^4$；另 $E = 2.06 \times 10^5 \text{N/mm}^2$；$l_2 = 900 \text{mm}$。

$$v = \frac{5 q_g l_2^4}{384 E I_x} = \frac{5 \times 42.072 \times 900^4}{384 \times 2.06 \times 10^5 \times 1013000} = 1.7 \text{mm}$$

$$< [v] = \frac{900}{500} = 1.8 \text{mm}$$

满足要求。

5. 扣件式钢管立柱计算

（1）用对接扣件连接的钢管立柱应按单杆轴心受压构件计算，其计算应符合式（2-34），公式中计算长度采用纵横向水平拉杆的最大步距，最大步距不得大于 1.8m，步距相同时应采用底层步距；

轴心受压杆件应按下式计算：

$$\frac{N}{\varphi A} \le f \qquad (2\text{-}34)$$

式中　N——轴心压力设计值；

　　　φ——轴心受压稳定系数（取截面两主轴稳定系数中的较小者），并根据构件长细比和钢材屈服强度（f_y）按相应规范选取；

　　　A——轴心受压杆件毛截面面积；

　　　f——钢材抗压强度设计值。

（2）室外露天支模组合风荷载时，立柱计算应符合下式要求：

$$\frac{N_w}{\varphi A} + \frac{M_w}{W} \le f \qquad (2\text{-}35)$$

$$N_w = 0.9 \times \left(1.2 \sum_{i=1}^{n} N_{Gik} + 0.9 \times 1.4 \sum_{i=1}^{n} N_{Q1k} \right) \qquad (2\text{-}36)$$

$$M_w = \frac{0.9^2 \times 1.4 w_k l_a h^2}{10} \qquad (2\text{-}37)$$

式中　$\displaystyle\sum_{i=1}^{n} N_{Gik}$——各恒载标准值对立杆产生的轴向力之和；

　　　$\displaystyle\sum_{i=1}^{n} N_{Q1k}$——各活荷载标准值对立杆产生的轴向力之和，另加 $\dfrac{M_w}{l_b}$ 的值；

　　　w_k——风荷载标准值，按相应规范计算；

　　　h——纵横水平拉杆的计算步距；

　　　l_a——立柱迎风面的间距；

　　　l_b——与迎风面垂直方向的立柱间距。

【例5】　现有一扣件式钢管组合的格构式柱，柱截面 1000mm×1000mm，四角立杆（主肢）、水平横杆和四面斜管均为 Q235 钢 ϕ48×3.5mm 的焊接钢管，水平横杆步距 1.0m，格构式柱高 6.0m，承受荷载设计值为 350kN，试验算该格构式柱的稳定性。

【解】

整个柱的截面惯性矩为：

$$I_x = I + A_1 h^2 = 4 \times \left[121900 + 489 \times 500^2 \right]$$

$$= 4 \times 122371900 \text{mm}^4$$

整个柱的回转半径为：

$$i_x = \sqrt{\frac{I_x}{A}} = \sqrt{\frac{4 \times 122371900}{4 \times 489}} = 500\text{mm}$$

则

$$\lambda_x = \frac{l_o}{i} = \frac{6000}{500} = 12$$

故格构式换算长细比为：

$$\lambda_{ox} = \sqrt{\lambda_x^2 + 40\frac{A}{A_{1x}}} = \sqrt{12^2 + 40 \times \frac{4 \times 489}{2 \times 489}} = 14.97$$

根据 $\lambda_{ox} = 14.97$ 查规范附表得稳定系数

$$\varphi = 0.9836$$

稳定验算：

$$\frac{N}{\varphi A} = \frac{350000}{0.9836 \times 4 \times 489} = 181.92\text{N/mm}^2 < f_c = 205\text{N/mm}^2$$

满足要求。

6. 立柱底地基承载力应按下列公式计算：

$$p = \frac{N}{A} \leqslant m_f f_{ak} \qquad\qquad (2-38)$$

式中　p——立柱底垫木的底面平均压力；

　　　N——上部立柱传至垫木顶面的轴向力设计值；

　　　A——垫木底面面积；

　　　f_{ak}——地基土承载力设计值，应按现行国家标准《建筑地基基础设计规范》GB
　　　　　　50007 的规定或工程地质报告提供的数据采用；

　　　m_f——立柱垫木地基土承载力折减等比系数，应按表 2-27 采用。

地基上承载力折减系数（m_f）　　　　　　表 2-27

地基土类别	折减系数	
	支承在原土上时	支承在回填土上时
碎石土、砂土、多年填积土	0.8	0.4
粉土、黏土	0.9	0.5
岩石、混凝土	1.0	—

注：1. 立柱基础应有良好的排水措施，支安垫木前应适当洒水将原土表面夯实夯平。
　　　2. 回填土应分层夯实，其各类回填土的干重度应达到所要求的密实度。

7. 整体模板的稳定性计算

框架和剪力墙的模板、钢筋全部安装完毕后，应验算在本地区规定的风压作用下，整体模板系统的稳定性。

验算方法应将要求的风力与模板系统、钢筋的自重乘以相应荷载分项系数后，求其合力作用线不得超过背风面的柱脚或墙底脚的外边。

2.4 模板工程施工

2.4.1 工艺流程

施工准备（含模板翻样和模板配置）→抄平、放线→钉柱、墙定位框→搭设支模架→支模、校正定位→支撑加固→混凝土浇筑→模板拆除。

2.4.2 施工方法

1. 施工准备

（1）技术准备

模板翻样是根据相关施工图样的内容，为模板工程施工需要，将待施工部位的构件外形、标高、平面位置和相互位置等影响模板施工的设计内容集中到一起，进行逐一核对，经核对无误后为集中表现模板工程内容描绘到一起的图样，即模板翻样图。根据模板翻样图和确定的施工方案选定的模板和支撑系统的种类绘制各构件模板的配板图，支撑系统图，并按照模板工程验收规范要求进行验算、报审，根据审完的翻样、配板、支撑图，编制周转材料清单，供备料使用。

1）组织施工技术人员在施工前认真学习技术规范、标准、工艺规程，熟悉图样，了解设计意图，核对建筑与结构及土建与设备安装专业图样之间的尺寸是否一致。

2）编制模板施工方案。

3）模板安装前，根据模板设计图、操作工艺标准、施工方案等向班组进行安全、技术交底。

（2）作业条件准备

1）划分所建工程施工区段：根据工程结构的形式、特点及现场条件，合理确定模板工程施工的流水区段，以减少模板的投入，加快周转速度，均衡工序工程（钢筋、模板、混凝土工序）的作业量，加快工程总进度。

2）轴线、模板线、门窗洞口线、标高线放线完毕，水平控制标高引测到预留插筋或其他过渡引测点，并办好预检手续。

3）安装模板前应预先把模板板面清理干净，均匀满刷隔离剂，按不同规格分类叠放整齐备用。严禁在模板就位后刷隔离剂污染钢筋及混凝土接触面。

4）为防止模板下口跑浆，安装模板前，对模板的承垫底部先垫上 20mm 厚的海绵条。若底部严重不平的，应先沿模板内边线用 1:3 水泥砂浆，根据给定的标高线准确找平（找平层不得伸入构件范围内）。外墙、外柱的外边根部根据标高线设置模板承垫木方，

模板工程施工
流程及要点

与找平砂浆上平交圈，以确保标高准确、不漏浆。

5）设置模板（保护层）定位基准，即在墙、柱主筋上距地面 50~80mm 处，根据模板线，按保护层厚度焊接水平支杆，以防模板的水平移位。

6）墙、柱钢筋绑扎完毕；水电管线、预留洞、预埋件已安装完毕，绑好钢筋保护层垫块，并办好隐检手续。

7）进行模板配置。

2. 抄平、放线

进行轴线和中心线的放线时，首先引测建筑物的边柱或墙轴线，并以该轴线为起点，引出每条轴线。模板放线时，应先清理好现场，然后根据施工图用墨线弹出模板的内边线（即"构件外轮廓线"）和中心线，墙模板要弹出模板的内边线和外侧控制线，以便于模板安装和校正。

做好标高量测工作时，应用水准仪把建筑物水平标高根据实际标高的要求，直接引测到模板安装位置。在无法直接引测时，也可以采取间接引测的方法，即用水准仪将水平标高先引测到过渡引测点，作为上层结构构件模板的基准点，用来测量和复核其标高位置。每层顶板抄测标高控制点，测量抄出混凝土墙上水平标高控制线（一般为楼层建筑面标高上 500mm），根据层高及板厚，沿墙周边弹出顶板模板的底标高线。

进行模板底口找平工作时，模板承垫底部应预先找平，以保证模板位置正确，防止模板底部漏浆。常用的找平方法是沿模板内边线用 1:3 水泥砂浆抹找平层。另外，在外墙、外柱部位，继续安装模板前，要设置模板承垫条带，并校正其平直。

3. 钉柱、墙定位框

1）按照构件的断面尺寸，先用同强度等级的细石混凝土浇筑 50~100mm 的短柱或导墙，作为模板定位基准。

2）墙体模板可根据构件断面尺寸切割一定长度的钢筋焊成定位梯子支撑筋（钢筋端头刷防锈漆），绑（焊）在墙体两根竖筋上，起到支撑作用，间距 1200mm 左右；柱模板，可在基础和柱模上口用钢筋焊成井字形套箍撑位模板并固定竖向钢筋，也可在竖向钢筋靠模板一侧焊一短截钢筋或角钢头，以保持钢筋与模板的位置。

3）在楼面柱、墙投影外边加模板厚度处作为定位木框的内边线（木框档料断面通常为 30mm×40mm），用水泥钉将其固定在楼面上，作为模板定位和柱、墙底部缝隙漏浆的封闭措施。

4. 搭设支模架

支模架的搭设应严格按照模板支撑方案确定的位置（立杆的位置、间距）和杆件的传力方式搭设支撑系统。搭设时一般在先立端部立杆（或支架），搭起底排横向支撑形成框架后，再把中间的立杆逐一搭起，同步将底横向支撑搭设完毕，底框搭设时应同步将扫地杆、剪刀撑等支撑件搭设跟进。一排全部搭设完毕支撑牢固，方可进行第二排脚手架搭设，同步逐排上升，严禁光搭框再加固。支模架顶排通常先搭设梁底横楞，再搭板底模板支架。待支架搭设完毕，则由专职质检员、技术负责人对支架的尺寸、标高、扣件等进行检验校正，符合要求后进行最后固定。

5. 支模、校正定位

（1）胶合木模板

1）基础模板。

① 安装程序：安底阶模→安底阶支撑→安上阶模→安上阶围箍和支撑→搭设模板吊架→（安杯芯模）→检查、校正。括号工序仅适用于杯形基础模板安装。

② 阶梯形独立基础：根据图样尺寸制作每一阶级模板，支模顺序由下至上逐层向上安装，先安装底层阶梯模板，用斜撑和水平撑钉稳、撑牢；核对模板墨线及标高，配合绑扎钢筋及混凝土（或砂浆）垫块，再进行上一阶模板安装，重新核对墨线各部位尺寸和标高并把斜撑、水平支撑以及拉杆加以钉紧、撑牢，最后检查斜撑及拉杆是否稳固，校核基础模板几何尺寸、标高及轴线位置。

③ 杯形独立基础：其操作工艺与阶梯形基础相似不同的是增加一个中心杯芯模，杯口上大下小略有斜度，芯模安装前应钉成整体，轿杠钉于两侧，中心杯芯模完成后要全面校核杯底标高，各部分尺寸的准确性和支撑的牢固性。

④ 条形基础模板：侧板和端头板制成后，应先在基础底弹出基础边线和中心线，再把侧板和端头板对准边线和中心线，用水平尺较正侧板顶面水平，经检测无误差后，用斜撑、水平撑及拉撑钉牢。最后校核基础模板几何尺寸及轴线位置。

2）柱模板

① 立模程序：设置定位基准→第一块模板安装就位→安装支撑→邻侧模板安装就位→连接二块模板，安装第二块模板支撑→安装第三、第四块模板支撑→调直纠偏→安装柱箍→全面检查校正一柱模群体固定→清除柱模内杂物、封闭清扫口。

② 根据图样尺寸制作柱侧模板后，按楼地面放好线的柱位置钉好压脚板再安装柱模板，两垂直向加斜拉顶撑。柱模安装完后，应全面复核模板的垂直度、对角线长度差及截面尺寸等项目。柱模板支撑必须牢固，预埋件、预留孔洞严禁漏设，且必须准确、稳牢。

③ 安装柱箍：柱箍的安装应自下而上进行，柱箍应根据柱模尺寸、柱高及侧压力的大小等因素进行设计选择（有木箍、钢箍、钢木箍等）。柱箍间距一般为 40~60cm，柱截面较大时应设置柱中穿心螺栓，由计算确定螺栓的直径、间距。

3）梁模板安装。

① 安装程序：搭设支模架→安装梁底模→梁模起拱→绑扎钢筋与垫块→安装两侧模板→固定梁夹→安装梁柱节点模板→检查校正→安梁口卡→相邻梁模固定。

② 在柱子上弹出轴线、梁位置和水平线，钉柱头模板。

③ 梁底模板：按设计标高调整支柱的标高，然后安装梁底模板，并拉线找平。当跨度大于等于 4m 时，模板应起拱；当设计无具体要求时，起拱高度宜为全跨长度的 1/1000~3/1000。在使用时应根据模板情况取值，木模板可取偏大值（1.5/1000 ~ 3/1000）。主次梁交接时，先主梁起拱，后次梁起拱。起拱做法常采用支座处梁底模降低需起拱尺寸，跨中梁底标高不变。

④ 梁下支柱支承在基土面上时，应将基土平整夯实，满足承载力要求，并加木垫板或混凝土垫板等有效措施，确保混凝土在浇筑过程中不会发生支顶下沉等现象。

⑤ 梁侧模板：根据墨线安装梁侧模板、压脚板、斜撑等。梁侧模板制作高度应根据梁高及楼板模板碰旁或压旁。

4）楼面模板。

① 安装程序：复核板底标高→搭设支模架→安放龙骨→安装模板（铺放密肋楼板模板）→安装柱、梁、板节点模板→安放预埋件及预留孔模板等→检查校正→验收。

② 根据模板的排列图架设支柱和龙骨。支柱与龙骨的间距，应根据模板的混凝土重量与施工荷载的大小，在模板设计中确定。一般支柱为 80~120cm，大龙骨间距为 60~120cm，小龙骨间距为 40~60cm。支柱排列要考虑设置施工通道。

③ 底层地面分层夯实，并铺垫脚板。采用多层支顶支模时，支柱应垂直，上下层支柱应在同一竖向中心线上。各层支柱间的水平拉杆和剪刀撑要认真加强。

④ 通线调节支柱的高度，将大龙骨拉平，架设小龙骨。

⑤ 铺模板时可从四周铺起，在中间收口。若为压旁时，角位模板应通线钉固。

⑥ 楼面模板铺完后，应复核模板面标高和板面平整度，预埋件和预留孔洞不得漏设并应位置准确。支模顶架必须稳定、牢固。模板梁面、板面应清扫干净。

（2）组合钢模板

1）基础模板安装。

① 安装程序：安底阶模→安底阶支撑→安上阶模→安上阶围箍和支撑→搭设模板吊架→检查、校正。

② 根据基础墨线钉好压脚板，用 U 形卡或连接销子把定型模板扣紧固定。

③ 安装四周龙骨及支撑，并将钢筋位置固定好，复核无误。

2）柱模板安装。

① 立模程序：设置定位基准→第一块模板安装就位→安装支撑→邻侧模板安装就位→连接第二块模板，安装第二块模板支撑→安装第三、第四块模板支撑→调直纠偏→安装柱箍→全面检查校正→柱模群体固定→清除柱模内杂物、封闭清扫口。

② 根据柱模板设计图的模板位置，由下至上安装模板，模板之间用楔形插销插紧，转角位置用连接角模将相邻两模板连接。

③ 安装柱箍：柱箍可用钢管、型钢等制成，柱箍应根据柱模尺寸、侧压力大小等因

素进行设计选择，必要时可增加穿墙螺栓。

④ 安装柱模的拉杆或斜撑：柱模每边的拉杆或顶杆，固定于事先预埋在楼板内的钢筋环上，用花篮螺栓或可调螺栓调节校正模板的垂直度，拉杆或顶杆的支承点要牢固可靠，与地面的夹角不大于45°。

3）剪力墙模安装。

① 立模程序：放线定位→模板安放预埋件→安装（吊装）就位一侧模板→安装支撑→安装门窗洞模板→绑扎钢筋和混凝土（砂浆）垫块、插入穿墙螺栓及套管等→安装（吊装）就位另一侧模板及支撑→调整模板位置→紧固穿墙螺栓→固定支撑→检查校正→连接邻件模板。

② 按放线位置钉好压脚板，然后进行模板的拼装，边安装边插入穿墙螺栓和套管，穿墙螺栓的规格和间距在模板设计时应明确规定。

③ 有门窗洞口的墙体，宜先安好一侧模板，待弹好门窗洞口位置线后再安装另一侧模板，且在安装另一侧模板之前，应清扫墙内杂物。

④ 根据模板设计要求安装墙模的拉杆或斜撑。一般内墙可在两侧加斜撑，若为外墙时，应在内侧同时安装拉杆和斜撑，且边安装边校正其平整度和垂直度。

⑤ 模板安装完毕，应检查一遍扣件、螺栓、拉顶撑是否牢固，模板拼缝以及底边是否严密，特别是门窗洞边的模板支撑是否牢固。

4）梁模板安装

① 安装程序：放线→搭设支模架→安装梁底模→梁模起拱→绑扎钢筋与垫块→安装两侧模板→固定梁夹→安装梁柱节点模板→检查校正→安梁口卡→相邻梁模固定。

② 在柱子上弹出轴线、梁位置线和水平线。

③ 梁支架的排列、间距要符合模板设计和施工方案的规定，一般情况下，采用可调式钢支顶间距为400～1000mm不等，具体视龙骨排列而定；采用门架支顶可调上托时，其间距有600、900、1800mm等。

④ 按设计标高调整支柱的标高，然后安装木枋或钢龙骨，铺上梁底板，并拉线找平。起拱做法常采用支座处梁底模降低需起拱尺寸，跨中梁底标高不变。在使用时应根据模板情况取值，钢模板可取偏小值（1/1000～2/1000）。

⑤ 支顶若支承在基土上时，应对基土平整夯实，并满足承载力要求，并加木垫板或混凝土垫块等有效措施，确保混凝土在浇筑过程中不会发生支顶下沉。

⑥ 梁的两侧模板通过连接模用U形卡或插销与底连接。

⑦ 梁柱头的模板构造应根据工程特点设计和加工。

5）楼面板安装。

① 安装程序：复核板底标高→搭设支模架→安放龙骨→安装模板（铺放密肋楼板模板）→安装柱、梁、板节点模板→安放预埋件及预留孔模板等→检查校正→交付验收。

② 底层地面应夯实，并铺垫脚板。采用多层支架支模时，支顶应垂直，上下层支顶应在同一竖向中心线上，而且要确保多层支架在竖向与水平向的稳定。

③ 支顶与龙骨的排列和间距，应根据楼板的混凝土重量和施工荷载大小在模板设计中确定，一般情况下支顶间距为 800~1200mm，大龙骨间距为 600~1200mm，小龙骨间距为 400~600mm，支顶排列要考虑设置施工通道。

④ 通线调节支顶高度，将大龙骨找平。

⑤ 铺模板时可从一侧开始铺，每两块板间的边肋上用 U 形卡连接，生口板位置可用 L 形插销连接，U 形卡间距不宜大于 300mm。卡紧方向应正反相间，不要同一方向。对拼缝不足 50mm，可用木板代替。与梁模板交接处可通过固定角模用插销连接，收口拼缝处可用木模板或用特制尺的模板代替，但拼缝要严密。

⑥ 楼面模板铺完后，应检查支柱是否牢固，模板之间连接的 U 形卡或插销有否脱落、漏插，然后将楼面清扫干净。

6. 支撑加固

在柱、墙定位框内立侧模，木模板用铁钉钉固（定型组合钢模用 U 形卡）等方法对相侧模两两连接。柱、墙的断面尺寸多采用定位对拉螺杆，按模板设计要求拉结固定，当模板无设计要求时，间距不超过 500mm，然后在梁底下 200~300mm 处用夹档（或定位钢管）初步固定柱、墙模。用线锤吊垂直，并调整夹档（或定位钢管）校正柱、墙模板垂直度，增加中间夹档，校正完毕，扣紧夹档，并增加中间夹档。柱、墙模支设完毕，按设计尺寸加工柱、墙与梁的接头，并与柱、墙模成可靠连接。依照定位线铺设梁底模板，校正无误后用铁钉或扣件对梁底木模（或钢模）进行定位固定。立梁侧模应采用梁侧夹梁底的做法，木模外侧用夹档固定，钢模用阳角模或连接角模无需单独设夹档。梁模需加设支撑处应设置通长帮条（50mm×70mm 方木或钢管）；除采用帮条外，加设梁侧模斜向支撑，侧模上口应采用拉通线方式统一校平直，用线吊垂直，待校正无误后，按设计加强并紧固斜撑；当无设计时，纵向间距不大于 50mm；梁高大于等于 500mm 时，每 200~300mm 设一道支撑。梁侧模支设完毕可铺设板底模板，板底模板与梁侧模板之间采用板底模压梁侧模的方式形成搭接，板底模的铺设应校核标高及对拼缝进行板条封堵。

7. 模板拆除

现浇混凝土结构模板的拆除日期，取决于结构的性质、模板的用途和混凝土硬化速度。及时拆模，可提高模板的周转，为后续工作创造条件。如过早拆模，因混凝土未达到一定强度，过早承受荷载会产生变形甚至会造成重大的质量事故。

模板拆除

（1）模板拆除的规定

1）非承重模板（如侧板）应在混凝土强度能保证其表面及棱角不因拆模而受到破坏

时，方可拆除。

2）承重模板应在与结构同条件养护的试块达到表2-28规定的强度，方可拆模。

混凝土构件拆模强度参考

表2-28

构件类型	构件跨度(m)	达到设计的混凝土立方体抗压强度标准值的百分率(%)
板	≤2	≥50
	>2,≤8	≥75
	>8	≥100
梁、拱、壳	≤8	≥75
	>8	≥100
悬臂构件	—	≥100

3）在拆除模板过程中，如发现混凝土有影响结构安全的质量问题时，应暂停拆除。经过处理后，方可继续拆除。

4）已拆除模板及其支架的结构，应在混凝土达到设计强度后才允许承受全部计算荷载。当承受施工荷载大于计算荷载时，必须经过核算，加设临时支撑。

（2）拆模注意事项

1）拆模时不要用力过猛，拆下来的模板要及时整理、堆放，以便再用。

2）楼层板支柱的拆除，应按下列要求进行：上层楼板正在浇筑混凝土时，下层楼板的模板支柱不得拆除，再下层楼板模板的支柱，仅可以拆除一部分。跨度大于等于4m的梁下均应保留支柱，其间距不大于3m。

3）柱模板拆除：先拆掉斜拉杆或斜支撑，然后拆掉柱箍及对拉螺栓，接着拆连接模板的U形卡或插销，然后用撬棍轻轻撬动模板，使模板与混凝土脱离。

4）墙模板拆除：先拆除斜拉杆或斜支撑，再拆除穿墙螺栓及纵横龙骨或钢管卡，接着将U形卡或插销等附件拆下，然后用撬棍轻轻撬动模板，使模板离开墙体，模板逐块传下堆放。

5）楼板、梁模板拆除。

① 先将支柱上的可调上托松下，使龙骨与模板分离，并让龙骨降至水平拉杆上，接着拆下全部U形卡或插销及连接模板的附件，再用钢钎撬动模板，使模板块降下由龙骨支承，拿下模板和龙骨，然后拆除水平拉杆、剪刀撑、支柱。

② 拆除模板时，操作人员应站在安全的地方。

③ 拆除跨度较大的梁下支顶时，应先从跨中开始，分别向两端拆除。

④ 楼层较高，支撑采用双层排架时，先拆上层排架，使龙骨和模板落在底层排架上，待上层模板全部运出后再拆下层排架。

⑤ 若采用早拆型模板支撑系统时，支顶应在混凝土强度等级达到设计的100%方可

拆除。

⑥ 拆下的模板及时清理粘结物，涂刷脱模剂管理剂，并分类堆放整齐，拆下的扣件及时集中统一管理。

6）拆模时，应尽量避免混凝土表面或模板受到破坏，应注意防止整块落下，不要伤人。

2.4.3 施工难点及预防措施

模板工程常见施工难点及预防措施如下：

1）带形基础要防止沿基础通长方向，模板上口不直，宽度不准，下口陷入混凝土内，拆模时上段混凝土缺损，底部上模不牢的现象。

预防措施为：模板应有足够的强度和刚度，支模时垂直度要准确。模板上口应钉木带，以控制带形基础上口宽度，并通长拉线，保证上口平直；隔一定间距，将上段模板下口支承在钢箍支架上；也可用临时木撑，以使侧模高度保持一致。支撑直接撑在土坑边时，下面应垫木板，以扩大其承力面。两块模板长向接头处应加拼条，使板面平整，连接牢固。

2）杯形基础应防止中心线不准，杯口模板位移；混凝土浇筑时芯模浮起，拆模时芯模起不出的现象。

3）柱模板容易产生的问题：柱位移、截面尺寸不准，混凝土保护层过大，柱身扭曲，梁柱接头偏差大。

预防措施为：支模前按墨线校正钢筋位置，钉好压脚板。转角部位应采用连接角模以保证角度准确；柱箍形式、规格、间距要根据柱截面大小及高度进行设计确定；梁柱接头模板按大样图进行安装而且连接要牢固。

4）墙模板容易产生的问题：墙体混凝土厚薄不一致，上口过大，墙体烂脚，墙体不垂直。

预防措施为：模板之间连接用的 U 形卡或插销不宜过疏，穿墙螺栓的规格和间距应按设计确定，除地下室外壁之外均要设置墙螺栓套管；龙骨不宜采用钢花梁；穿墙螺栓的直间距和垫块规格要符合设要求；墙梁交接处和墙顶上口应设拉结；外墙所设的拉、顶支撑要牢固可靠，支撑的间距、位置宜由模板设计确定。模板安装前模板底边应先批好水泥砂浆找平层，以防漏浆。

5）梁和楼板的模板容易产生的问题：梁身不平直，梁底不平，梁侧面鼓出，梁上口尺寸加大，板中部下挠，生蜂窝麻面。

预防措施为：700mm 梁高以下模板之间的连接插销不少于两道，梁底与梁侧板宜用连接角模进行连接；大于 700mm 梁高的侧板，宜加穿墙螺栓。模板支顶的尺寸和间距的排列，要确保系统的足够刚度，模板支顶的底部应在坚实地面上，梁板跨度大于 4m 者，如设计无要求则按规范要求起拱。

2.4.4 检查验收

1. 模板安装主控项目

（1）模板及支架用材料的技术指标应符合国家现行有关标准的规定。进场时应抽样检验模板和支架材料的外观、规格和尺寸。

模板工程
检查验收

检查数量：按国家现行相关标准的规定确定。

检验方法：检查质量证明文件，观察，尺量。

（2）现浇混凝土结构模板及支架的安装质量，应符合国家现行有关标准的规定和施工方案的要求。

检查数量：按国家现行相关标准的规定确定。

检验方法：按国家现行有关标准的规定执行。

（3）后浇带处的模板及支架应独立设置。

检查数量：全数检查。

检验方法：观察。

（4）支架竖杆和竖向模板安装在土层上时，应符合下列规定：

1）土层应坚实、平整，其承载力或密实度应符合施工方案的要求；

2）应有防水、排水措施；对冻胀性土，应有预防冻融措施；

3）支架竖杆下应有底座或垫板。

检查数量：全数检查。

检验方法：观察；检查土层密实度检测报告、土层承载力验算或现场检测报告。

2. 模板安装一般项目

（1）模板安装质量应符合下列规定：

1）模板的接缝应严密；

2）模板内不应有杂物、积水或冰雪等；

3）模板与混凝土的接触面应平整、清洁；

4）用作模板的地坪、胎膜等应平整、清洁，不应有影响构件质量的下沉、裂缝、起砂或起鼓；

5）对清水混凝土及装饰混凝土构件，应使用能达到设计效果的模板。

检查数量：全数检查。

检验方法：观察。

（2）隔离剂的品种和涂刷方法应符合施工方案的要求。隔离剂不得影响结构性能及装饰施工；不得沾污钢筋、预应力筋、预埋件和混凝土接槎处；不得对环境造成污染。

检查数量：全数检查。

检验方法：检查质量证明文件；观察。

（3）模板的起拱应符合现行国家标准《混凝土结构工程施工规范》GB 50666 的规定，并应符合设计及施工方案的要求。

检查数量：在同一检验批内，对梁，跨度大于 18m 时应全数检查，跨度不大于 18m 时应抽查构件数量的 10%，且不应少于 3 件；对板，应按有代表性的自然间抽查 10%，且不应少于 3 间；对大空间结构，板可按纵、横轴线划分检查面，抽查 10%，且不应少于 3 面。

检验方法：水准仪或尺量。

（4）现浇混凝土结构多层连续支模应符合施工方案的规定。上下层模板支架的竖杆宜对准。竖杆下垫板的设置应符合施工方案的要求。

检查数量：全数检查。

检验方法：观察。

（5）固定在模板上的预埋件和预留孔洞不得遗漏，且应安装牢固。有抗渗要求的混凝土结构中的预埋件，应按设计及施工方案的要求采取防渗措施。

预埋件和预留孔洞的位置应满足设计和施工方案的要求。当设计无具体要求时，其位置偏差应符合表 2-29 的规定。

预埋件和预留孔洞的安装允许偏差

表 2-29

项目		允许偏差（mm）
预埋板中心线位置		3
预埋管、预留孔中心线位置		3
插筋	中心线位置	5
	外露长度	+10,0
预埋螺栓	中心线位置	2
	外露长度	+10,0
预留洞	中心线位置	10
	尺寸	+10,0

检查数量：在同一检验批内，对梁、柱和独立基础，应抽查构件数量的 10%，且不应少于 3 件；对墙和板，应按有代表性的自然间抽查 10%，且不应少于 3 间；对大空间结构墙可按相邻轴线间高度 5m 左右划分检查面，板可按纵、横轴线划分检查面，抽查 10%，且均不应少于 3 面。

检验方法：观察，尺量。

（6）现浇结构模板安装的尺寸偏差及检验方法应符合表 2-30 的规定。

现浇结构模板安装的允许偏差及检验方法　　　　　表 2-30

项　目		允许偏差（mm）	检验方法
轴线位置		5	尺量
底模上表面标高		±5	水准仪或拉线、尺量
模板内部尺寸	基础	±10	尺量
	柱、墙梁	±5	尺量
	楼梯相邻踏步高差	5	尺量
柱、墙垂直度	层高≤6m	8	经纬仪或吊线、尺量
	层高>6m	10	经纬仪或吊线、尺量
相邻模板表面高差		2	尺量
表面平整度		5	2m靠尺和塞尺量测

检查数量：在同一检验批内，对梁、柱和独立基础，应抽查构件数量的 10%，且不应少于 3 件；对墙和板，应按有代表性的自然间抽查 10%，且不应少于 3 间；对大空间结构，墙可按相邻轴线间高度 5m 左右划分检查面，板可按纵、横轴线划分检查面，抽查10%，且均不应少于 3 面。

（7）预制构件模板安装的偏差及检验方法应符合表 2-31 的规定。

检查数量：首次使用及大修后的模板应全数检查；使用中的模板应抽查 10%，且不应少于 5 件，不足 5 件的应全数检查。

预制构件模板安装的允许偏差及检验方法　　　　　表 2-31

项目		允许偏差（mm）	检验方法
长度	梁、板	±4	尺量两侧边，取其中较大值
	薄腹梁、桁架	±8	
	柱	0，-10	
	墙板	0，-5	
宽度	板、墙板	0，-5	尺量两端及中部，取其中较大值
	梁、薄腹梁、桁架	+2，-5	
高（厚）度	板	+2，-3	尺量两端及中部，取其中较大值
	墙板	0，-5	
	梁、薄腹梁、桁架、柱	+2，-5	
侧向弯曲	梁、板、柱	$L/1000$ 且 ≤15	拉线、尺量最大弯曲处
	墙板、薄腹梁、桁架	$L/1500$ 且 ≤15	
板的表面平整度		3	2m靠尺和塞尺量测
相邻两板表面高低差		1	尺量

续表

项目		允许偏差（mm）	检验方法
对角线差	板	7	尺量两对角线
	墙板	5	
翘曲	板、墙板	$L/1500$	水平尺在两端量测
设计起拱	薄腹梁、桁架、梁	±3	拉线、尺量跨中

注：L 为构件长度（mm）。

2.4.5 安全管理

（1）从事模板作业的人员，应经安全技术培训。从事高处作业人员，应定期体检，不符合要求的不得从事高处作业。安装和拆除模板时，操作人员，应佩戴安全帽、系安全带穿防滑鞋。安全帽和安全带应定期检查，不合格者严禁使用。

作业人员严禁攀登模板、斜撑杆、拉条或绳索等，不得在高处的墙顶、独立梁或在其模板上行走。

模板施工中应设专人负责安全检查，发现问题应报告有关人员处理。当遇险情时，应立即停工和采取应急措施；待修复或排除险情后，方可继续施工。

（2）模板及配件进场应有出厂合格证或当年的检验报告，安装前应对所用部件（立柱、楞梁、吊环、扣件等）进行认真检查，不符合要求者不得使用。

（3）模板工程应编制施工设计和安全技术措施，并应严格按施工设计与安全技术措施的规定进行施工。满堂模板、建筑层高 8m 及以上和梁跨大于或等于 15m 的模板，在安装、拆除作业前，工程技术人员应以书面形式向作业班组进行施工操作的安全技术交底，作业班组应对照书面交底进行上下班的自检和互检。

（4）在高处安装和拆除模板时，周围应设安全网或搭脚手架，并应加设防护栏杆。在临街面及交通要道地区，尚应设警示牌，派专人看管。

作业时，模板和配件不得随意堆放，模板应放平放稳，严防滑落。脚手架或操作平台上临时堆放的模板不宜超过 3 层，连接件应放在箱盒或工具袋中，不得散放在脚手板上。脚手架或操作平台上的施工总荷载不得超过其设计值。

（5）对负荷面积大和高 4m 以上的支架立柱采用扣件式钢管脚手架或门式钢管脚手架时，除应有合格证外，对所用扣件应采用扭矩扳手进行抽检，达到合格后方可承力使用。

（6）多人共同操作或扛抬组合钢模板时，必须密切配合、协调一致、互相呼应。

模板安装高度在 2m 及以上时，应符合国家现行标准《建筑施工高处作业安全技术规范》JGJ 80 的有关规定。

模板安装时，上下应有人接应，随装随运，严禁抛掷。且不得将模板支搭在门窗框上，也不得将脚手板支搭在模板上，并严禁将模板与上料井架及有车辆运行的脚手架或操作平台支成一体。

（7）施工用的临时照明和行灯的电压不得超过 36V；当为满堂模板、钢支架及特别潮湿的环境时，不得超过 12V。照明行灯及机电设备的移动线路应采用绝缘橡胶套电缆线。

有关避雷、防触电和架空输电线路的安全距离应符合国家现行标准。施工用的临时照明和动力线应采用绝缘线和绝缘电缆线，且不得直接固定在钢模板上。夜间施工时，应有足够的照明，并应制定夜间施工的安全措施。施工用临时照明和机电设备线严禁非电工乱拉乱接。同时还应经常检查线路的完好情况，严防绝缘破损漏电伤人。

（8）支模过程中如遇中途停歇，应将已就位模板或支架连接稳固，不得浮搁或悬空。拆模中途停歇时，应将已松扣或已拆松的模板、支架等拆下运走，防止构件坠落或作业人员扶空坠落伤人。

（9）寒冷地区冬期施工用钢模板时，不宜采用电热法加热混凝土，否则应采取防触电措施。

在大风地区或大风季节施工时，模板应有抗风的临时加固措施。

当钢模板高度超过 15m 时，应安设避雷设施，避雷设施的接地电阻不得大于 4Ω。

当遇大雨、大雾、沙尘、大雪或 6 级以上大风等恶劣天气时，应停止露天高处作业。5 级及以上风力时，应停止高空吊运作业。雨、雪停止后，应及时清除模板和地面上的积水及冰雪。

（10）使用后的木模板应拔除铁钉，分类进库，堆放整齐。若为露天堆放，顶面应遮防雨篷布。

3 BIM 模板工程软件应用

3.1 概述

3.1.1 基本功能

品茗模板工程设计软件是采用 BIM 技术理念设计开发的针对建筑工程现浇结构的模板支架设计软件，主要包括模板支架设计、施工图设计、专项方案编制、材料统计功能。本软件的设计宗旨是：建立结构模型即能获得所求结果。建模主要包括 2 种方式：AutoCAD 结构图识别建模和用户结构建模。整体流程如图 3-1 所示，功能项说明见表 3-1。

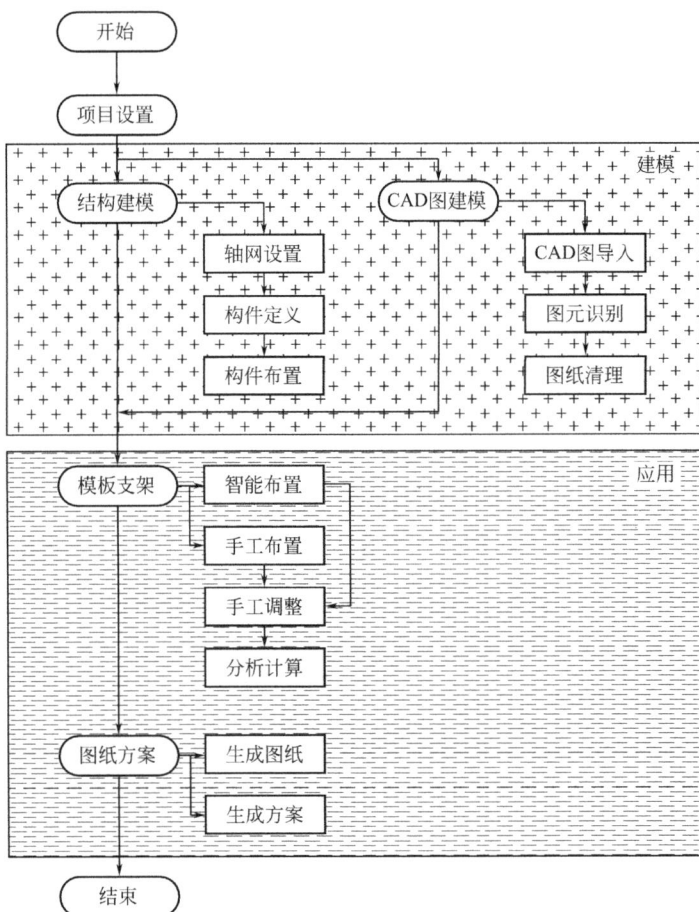

图 3-1 整体流程图

功能项说明表 表 3-1

功能项	版本说明
计算依据	《建筑施工扣件式钢管脚手架安全技术规范》JGJ 130—2011 《建筑施工模板安全技术规范》JGJ 162—2008 《混凝土结构施工规范》GB 50666—2011 《建筑施工临时支撑结构技术规范》JGJ 300—2013 《建筑施工承插型盘扣式钢管支架安全技术规程》JGJ 231—2010 《建筑施工碗扣式钢管脚手架安全技术规范》JGJ 166—2016 《建筑施工承插型插槽式钢管支架安全技术规程》DB33/T1117—2015 浙江地标 《钢管扣件式模板垂直支撑系统安全技术规程》DG/TJ08—016—2011 上海地标 《建筑施工扣件式钢管模板支架技术规程》DB33/1035—2006 浙江地标 《建筑施工脚手架安全技术统一标准》GB 51210—2016
支模架类型	钢管扣件式、碗扣式、盘扣式、插槽式
构件智能设计	梁模板、板模板、墙模板、柱模板
手动调整/设计	支持
CAD 平台	2008、2012、2014 版本；32/64bit
计算书	支持
施工方案	支持
材料统计	支持
平面施工图	支持
剖面图	支持
大样图	支持

在模板支架布置完成之后，采用配模功能可以对模板模型进行下料分析，并生成配模三维图、模板配置图和模板配置表，分别如图 3-2~图 3-4 所示。

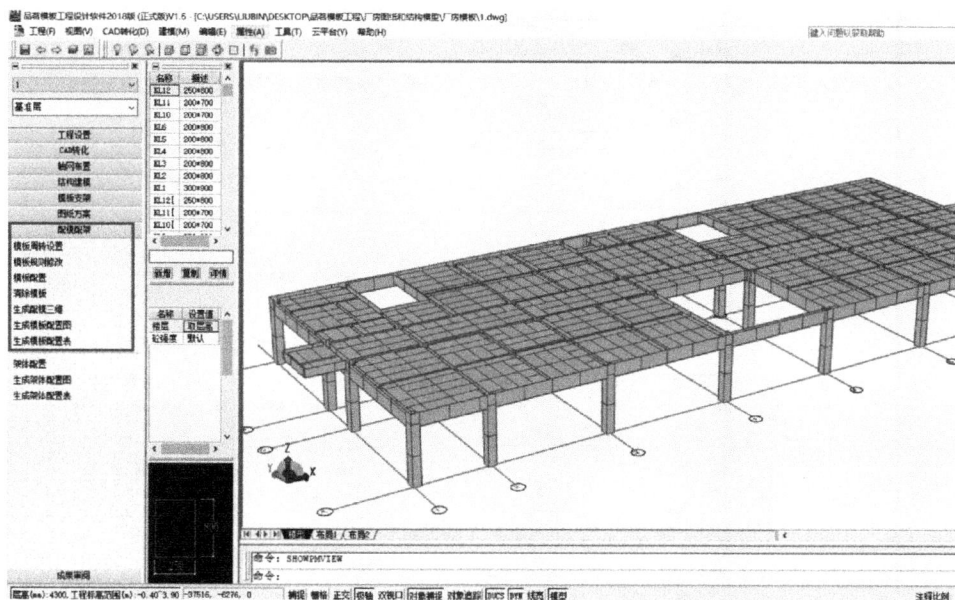

图 3-2　配模三维图

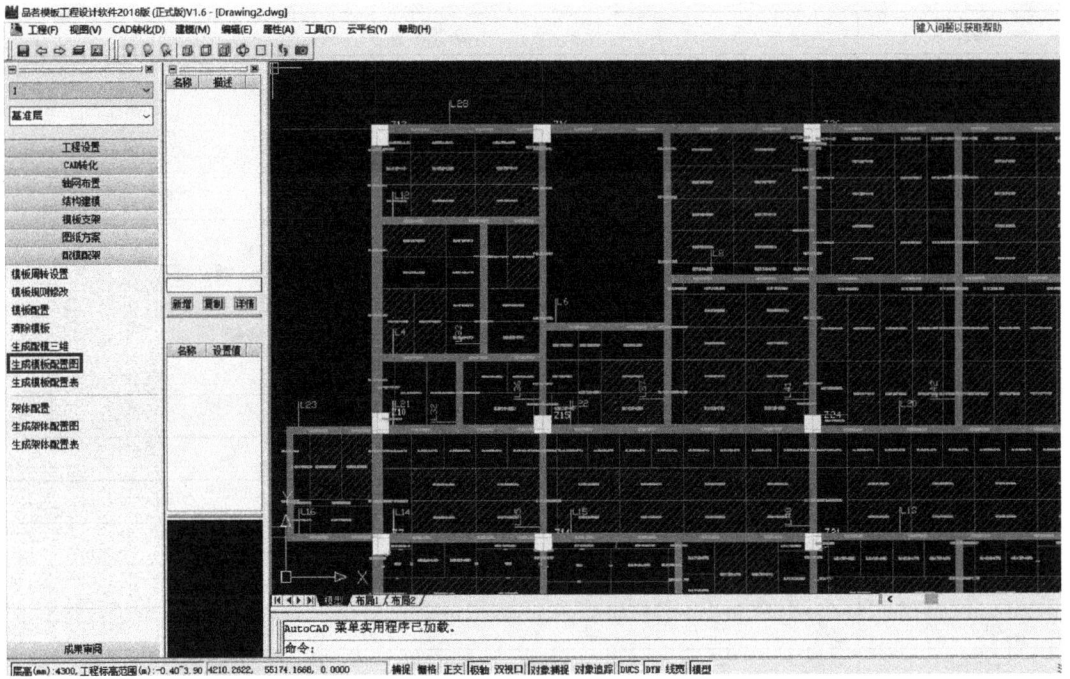

图 3-3　模板配置图

图 3-4　模板配置表

3.1.2　运行环境

品茗模板工程设计软件是基于 AutoCAD 平台开发的 3D 可视化模板支架设计软件。因此，安装本软件前，务必确保计算机已经安装 AutoCAD。【为达到最佳显示效果建议安装 AutoCAD 2008 32bit、2012 32/64bit、2014 32/64bit。】目前对 PC 机的硬件环境无特殊性能要求，建议 2G 以上内存，并配有独立显卡。

3.1.3　界面介绍（图 3-5）

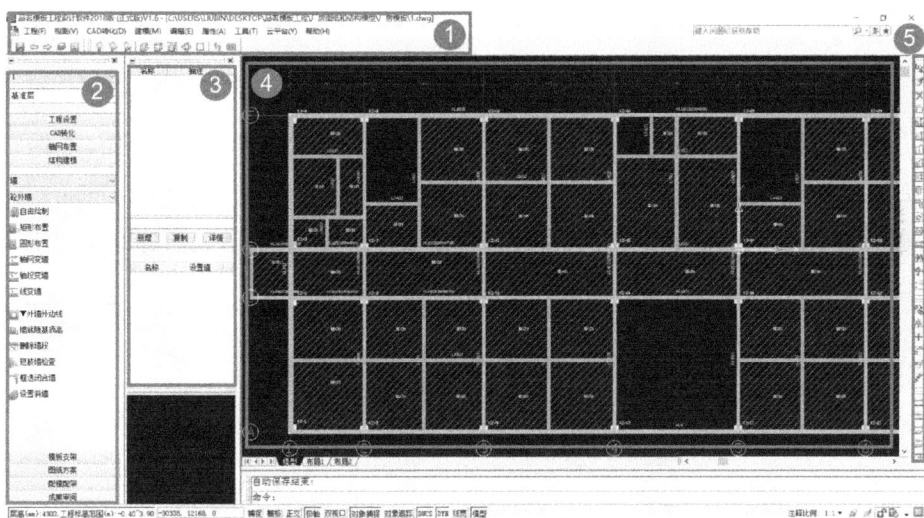

图 3-5　操作界面

① 菜单区：主要是软件的菜单栏（包括一些基本的操作功能、软件平台和资讯）及部分命令按钮面板。【高版本 CAD 如果菜单栏未显示，可以点击左上角的 CAD 图标右侧的下拉三角，选择里面的显示菜单栏就可以了。】

② 功能区：这里按照模板工程设计软件操作步骤顺序列出了各项建模操作和专业功能命令。

③ 属性区：显示各构件的属性和截面。【注意双击属性区下侧的黑色截面图，可以改变部分构件的截面。】

④ 视图区：主要显示软件的二维、三维模型和布置的模板支架等。

⑤ 命令区：主要是一些常用的命令按钮，可以根据需要设置。

3.2　工程设置

3.2.1　认识工程

本书我们将建模一幢 12 层的办公大楼，这幢建筑将作为后面模板工程　　　工程设置

设计的对象与依据。

本幢建筑位于某一工业园区内,地上部分共 12 层,总高 43.800m,包含展览厅、办公室、会客厅、会议室、档案室、休息室、质检用房、电梯、卫生间、楼梯等功能房间。办公大楼采用钢筋混凝土框架结构形式,基础主要采用柱下独立基础的形式。

本项目源于真实工程,有一系列配套的完整图纸可供读者学习借鉴,从而帮助读者更好地理解图纸、BIM 模型和模板工程设计之间的转换关系,体会 BIM 技术给设计、施工等诸多方面带来的便捷和高效。本案例配套图纸可通过 qiniu.pmsjy.com/video/zl/1.rar? attname = 办公楼图纸(脚、模).rar 下载。

3.2.2 新建工程

打开软件,如图 3-6 所示,在界面点击"新建工程";创建工程名,并保存,如图 3-7 所示,完成新工程的建立。【这里创建的文件类型虽然是"工程名.pmjmys",但会自动创建同名文件夹,文件夹内的所有内容才是工程文件。】如已经新建好拟建工程,则可直接点击"打开工程"找出对应工程即可。

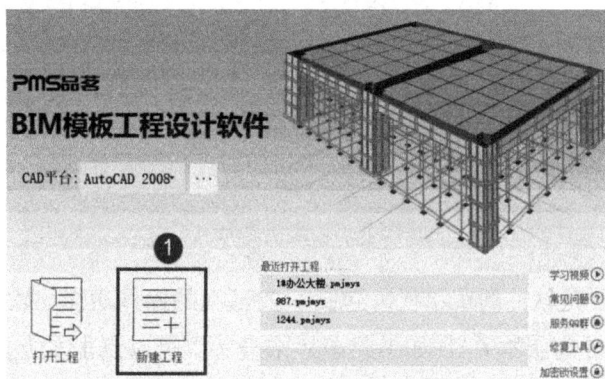

图 3-6　开启界面

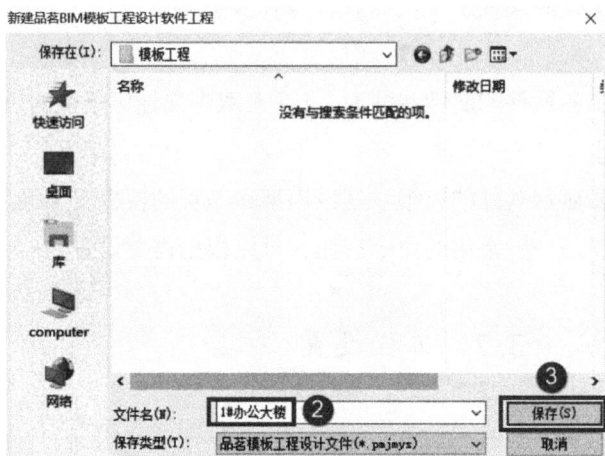

图 3-7　保存界面

3.2.3 工程信息

根据办公大楼的相关信息和要求，下面将对工程进行整体参数的设置。在符合相应规范要求的前提下，结合模板工程所在地区和实际工程要求，选择合理的支模架架体类别，这是进行模板工程设计的关键，所有设计都将建立在相应的标准和规范之上，如图 3-8 所示，本工程选择全国版——扣件式。

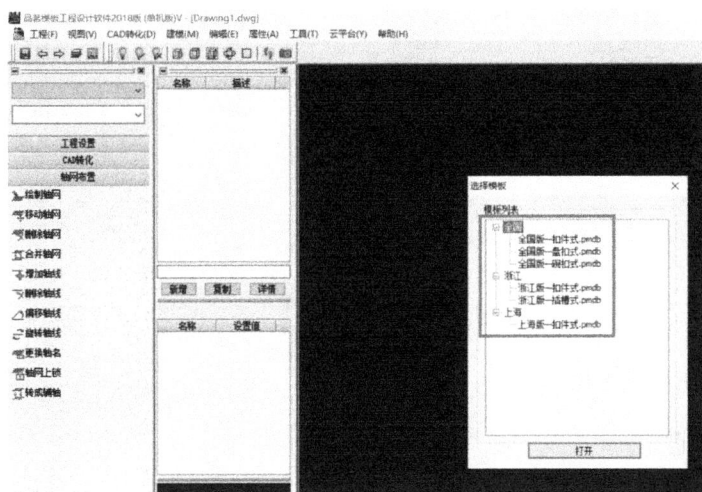

图 3-8 模板类型选择

打开新建工程，如图 3-9 中在"工程"里找到"工程设置"，在"工程信息"一项输入本工程基本情况，以便对工程进行管理，该信息会直接引用到方案和施工图的相应

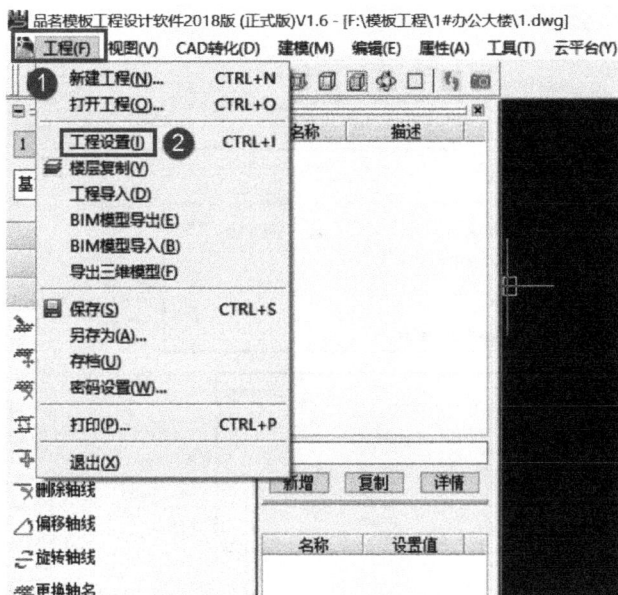

图 3-9 工程设置

位置，如图 3-10 所示。

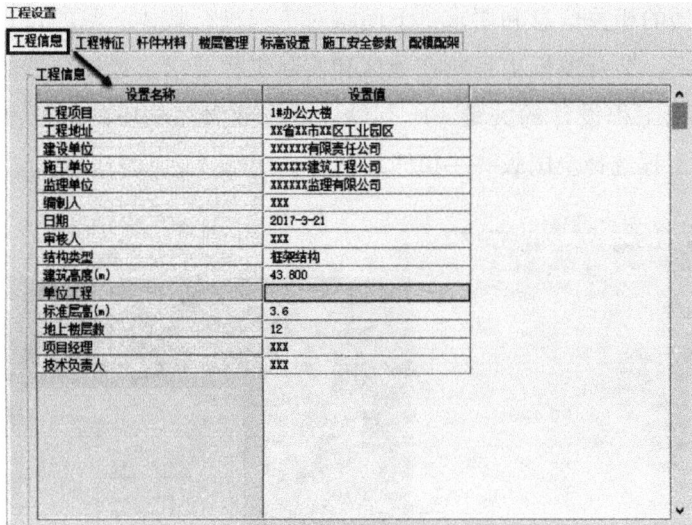

图 3-10　工程信息

3.2.4　工程特征

在选择全国版——扣件式模板后，可根据本工程所处位置及考虑模板工程结构特点，修改支模架架体和计算所依据的规范，并对支模架搭设体系、基本风压、工程构造等要求进行更为细致的调整（图 3-11）。

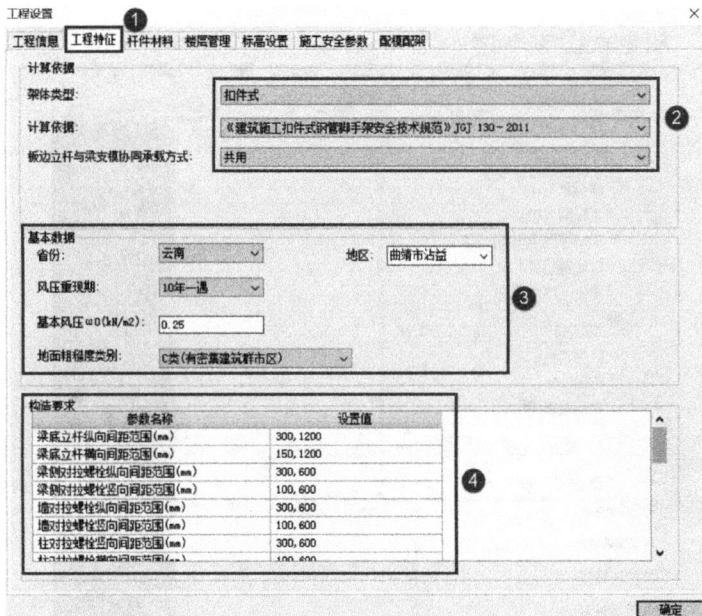

图 3-11　工程特征

3.2.5 杆件材料

根据工程中所使用的杆件材料，点击"选用默认材料"，对材料型号及相关参数进行增加、修改和删除，并对常用材料型号进行排序，软件会根据排序顺序优先选择（图3-12）。

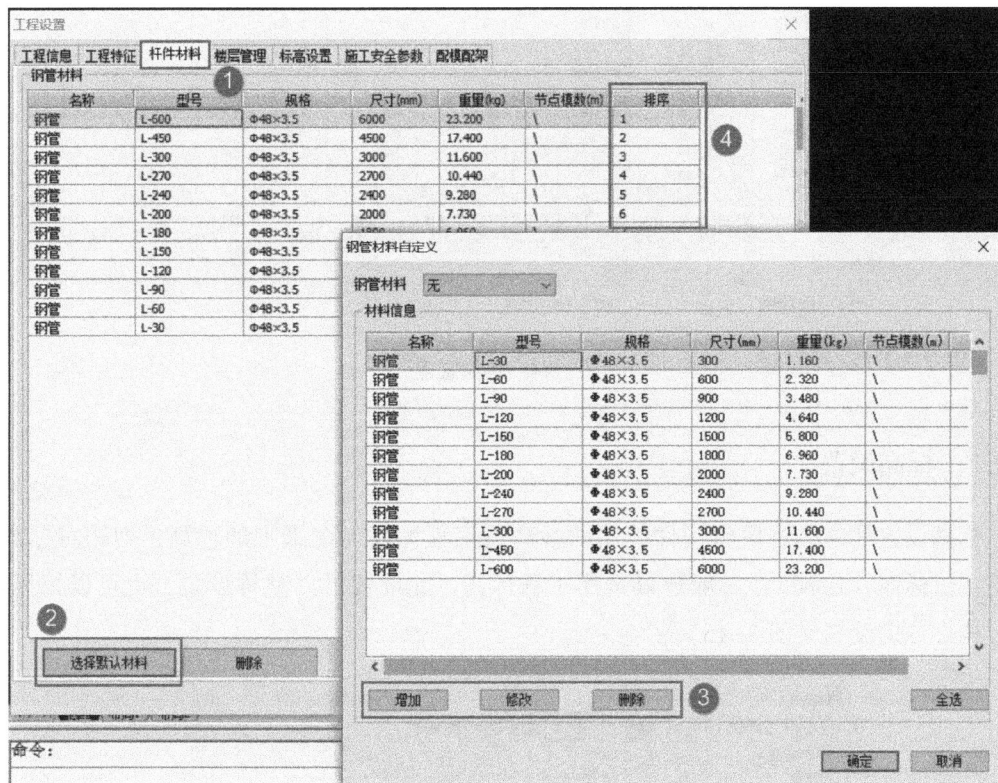

图 3-12 杆件材料

3.2.6 楼层管理

楼层管理指依据结构施工图将工程楼体的楼层、标高、层高及梁板、柱墙混凝土强度信息汇总，软件会根据相应信息自动进行高度方向拼装。

具体做法为根据结构施工图（图3-13）里楼层信息，在楼层管理里输入相应数值（图3-14），并对楼层性质和混凝土强度进行定义。这里的楼地面标高是指建筑的相对标高，除最低一层的楼地面标高要输入外，其余各层只需输入层高就可自动获得。

层号	标高(m)	层高(m)	墙柱砼强度	梁板砼强度
楼梯屋面层	46.900			
屋面层	43.500	3.400	C30	C30
十二层	39.900	3.600	C30	C30
十一层	36.300	3.600	C30	C30
十层	32.700	3.600	C30	C30
九层	29.100	3.600	C30	C30
八层	25.500	3.600	C30	C30
七层	21.900	3.600	C30	C30
六层	18.300	3.600	C30	C30
五层	14.700	3.600	C30	C30
四层	11.100	3.600	C30	C30
三层	7.500	3.600	C30	C30
二层	3.900	3.600	C35	C30
一层	-0.400	4.300	C35	C30

结构层标高表

上部结构嵌固部位：基础顶

图 3-13 结构层标高

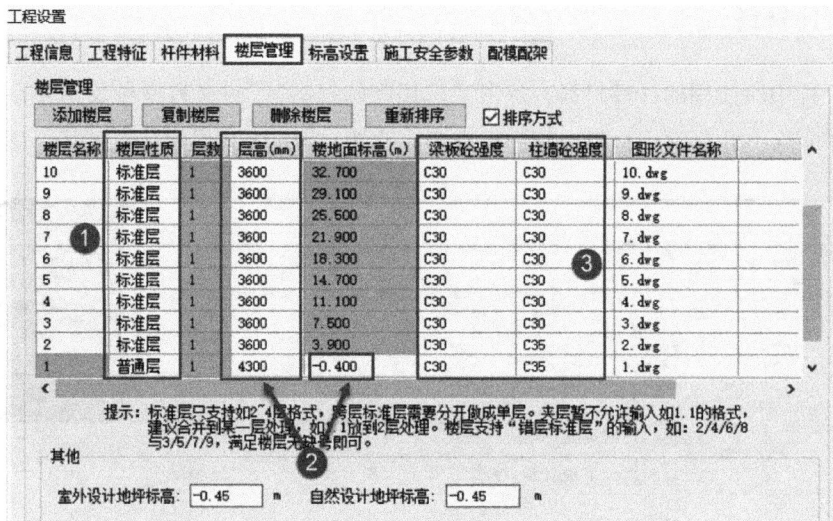

图 3-14 楼层管理

3.2.7 标高设置

标高设置是选择建模时构件使用的标高是工程标高（图纸上的标高，即相对标高）还是楼层标高（层高），一般建议选用工程标高，此设置可以整栋设置，也可以根据楼层、构件分别设置（图 3-15）。

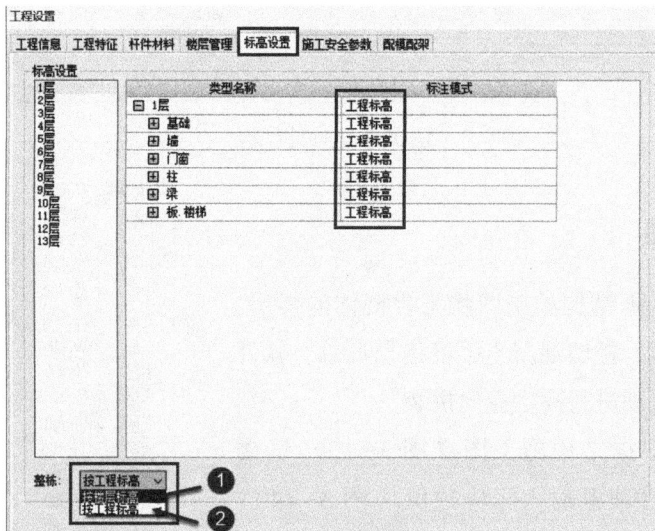

图 3-15 标高设置

3.2.8 施工安全参数和配模配架

施工安全参数、配模配架是指按照规范要求并结合施工现场工况设置墙、柱、梁、板的支模架支撑体系。施工安全参数设置后，需要应用到工程中去，并指定楼层和构件类型（图 3-16、图 3-17）。

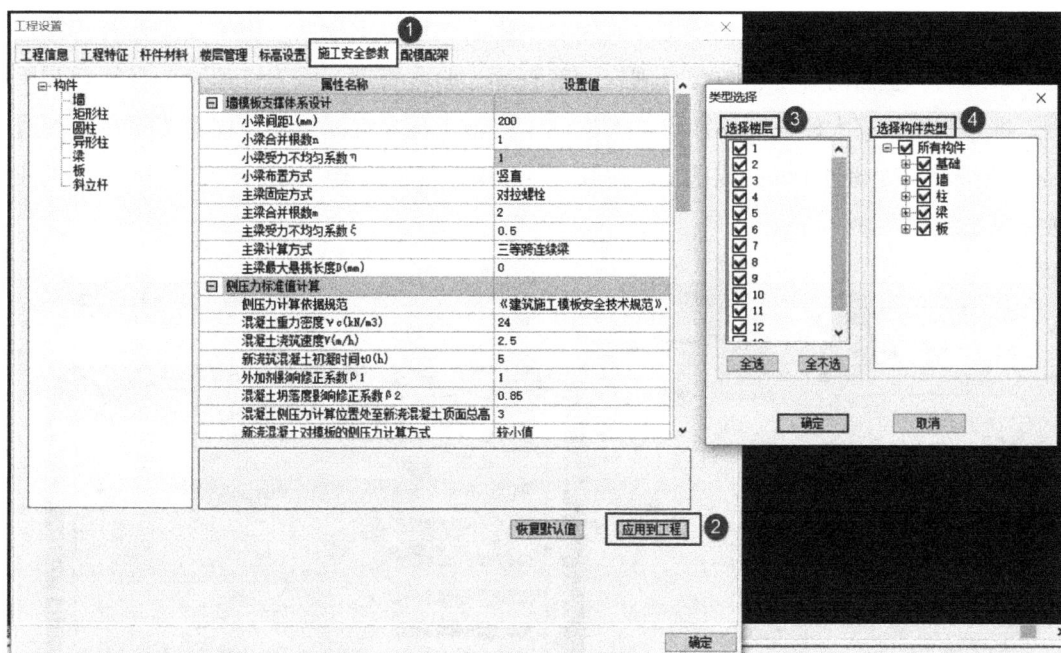

图 3-16 施工安全参数

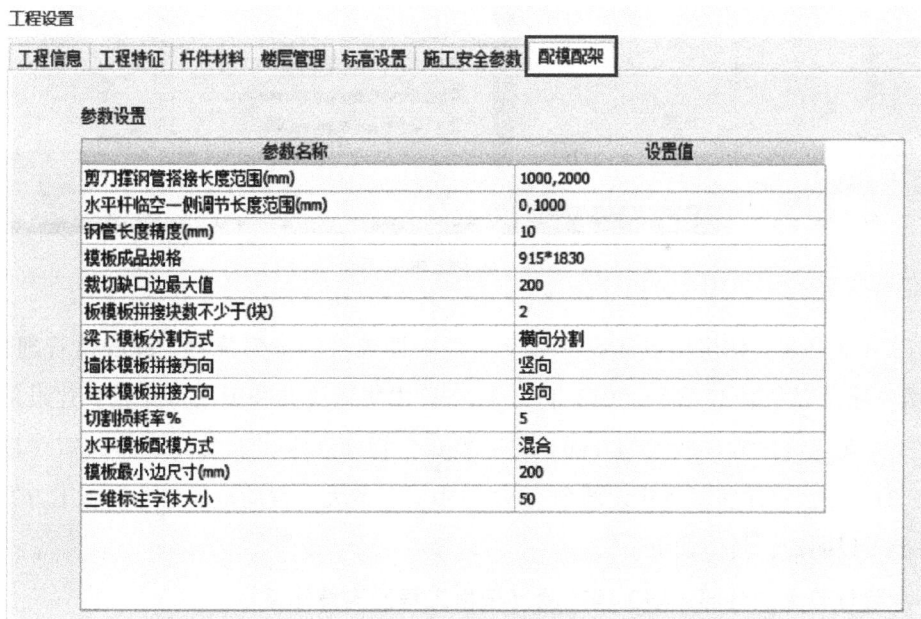

图 3-17 配模配架

3.2.9 高支模辨识规则

住房和城乡建设部 2009 年颁发了《建设工程高大模板支撑系统施工安全监督管理导则》（建质 [2009] 254 号），该文件对建设工程高大模板支撑系统施工安全监督管理进行了系统的、全面的规定，包含总则、方案管理、验收管理、施工管理、监督管理和附则。本导则所称高大模板支撑系统是指建设工程施工现场混凝土构件模板支撑高度超过 8m，或搭设跨度超过 18m，或施工总荷载大于 15kN/㎡，或集中线荷载大于 20kN/m 的模板支撑系统（图 3-18）。

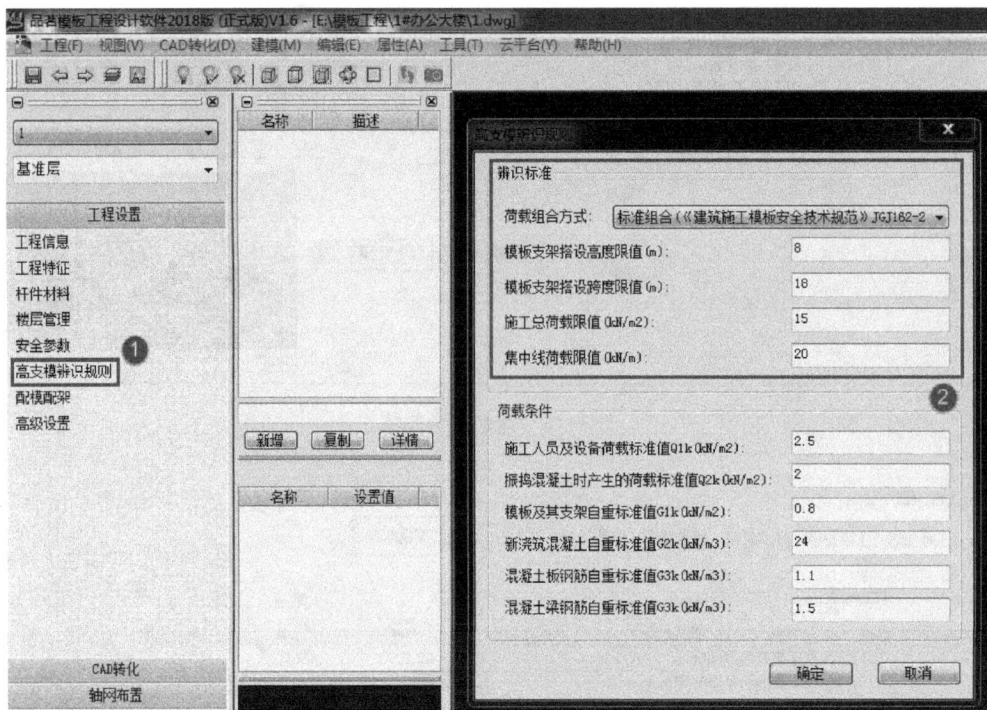

图 3-18 高支模辨识规则

2018 年 3 月 8 日住房城乡建设部下发《危险性较大的分部分项工程安全管理规定》（住房城乡建设部令第 37 号）。2018 年 5 月 22 日中华人民共和国住房和城乡建设部办公厅下发关于实施《危险性较大的分部分项工程安全管理规定》有关问题的通知（建办质 [2018] 31 号），对住房城乡建设部令第 37 号中关于危大工程的范围和专项施工方案的内容进一步予以明确，具体如下：

1. 危险性较大的分部分项工程范围（模板工程及支撑体系）

（1）各类工具式模板工程：包括滑模、爬模、飞模、隧道模等工程。

（2）混凝土模板支撑工程：搭设高度 5m 及以上，或搭设跨度 10m 及以上，或施工总荷载（荷载效应基本组合的设计值，以下简称设计值）10kN/m² 及以上，或集中线荷载（设计值）15kN/m 及以上，或高度大于支撑水平投影宽度且相对独立无联系构件的混凝土模板支撑工程。

（3）承重支撑体系：用于钢结构安装等满堂支撑体系。

2. 超过一定规模的危险性较大的分部分项工程范围（模板工程及支撑体系）

（1）各类工具式模板工程：包括滑模、爬模、飞模、隧道模等工程。

（2）混凝土模板支撑工程：搭设高度 8m 及以上，或搭设跨度 18m 及以上，或施工总荷载（设计值）15kN/m² 及以上，或集中线荷载（设计值）20kN/m 及以上。

（3）承重支撑体系：用于钢结构安装等满堂支撑体系，承受单点集中荷载 7kN 及以上。

3.2.10　高级设置

高级设置可以按照规范要求并结合施工现场情况对墙、柱、梁、板的模板设置相关参数进行修改，以便适用更多形式的模板工程（图 3-19）。

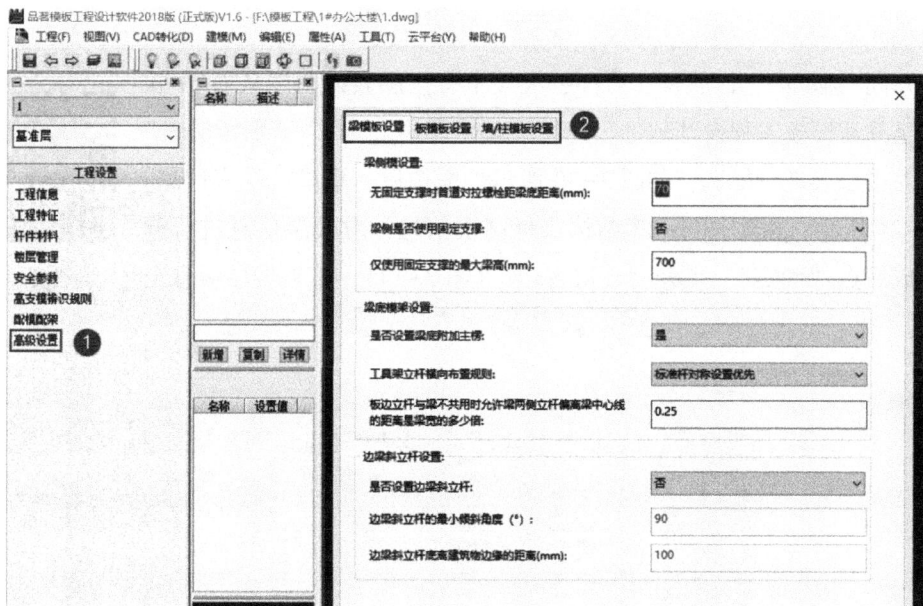

图 3-19　高级设置

3.3　结构识图与智能识别建模

智能识别建模是快速将二维设计图纸转换为三维 BIM 模型的技术，大大降低建模的成本和时间，本节将介绍楼层表以及轴网、柱、墙、梁、板等与模板工程有关构件的识别和转换过程。

3.3.1 识别楼层表

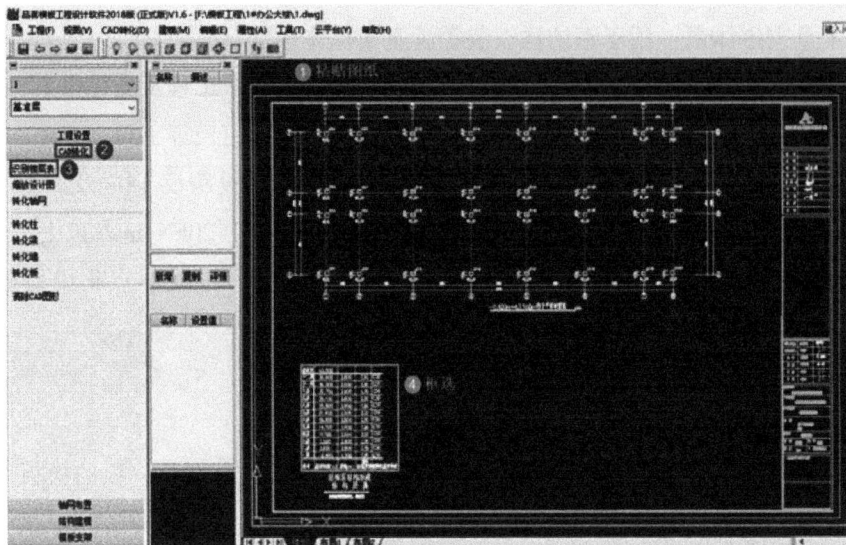

图 3-20 识别楼层表

打开同一版本 CAD 软件，将办公大楼中有楼层表的图纸从 CAD 软件复制至品茗模板工程设计软件，使用"CAD 转化"中"识别楼层表"功能，对楼层表进行框选，如图 3-20 所示。框选后，生成楼层表信息，如图 3-21 所示；根据图 3-13 结构层标高表信息，对楼层信息进行调整，完成后点"确定"。点开"楼层管理"（图 3-14），可见楼层信息全部建立。

识别楼层表

图 3-21 生成楼层表

3.3.2　转化轴网

在施工图中通常将建筑的基础、墙、柱、梁和板等承重构件的轴线画出，并进行编号，用于施工定位放线和查阅图纸，这些轴线称为定位轴线。建立办公大楼结构模型的第一步就是建立轴网，这里将竖向构件平面布置图（选取 -0.400~43.500m 柱子平面布置图）复制至本软件，操作如图 3-22 所示。

转化轴网

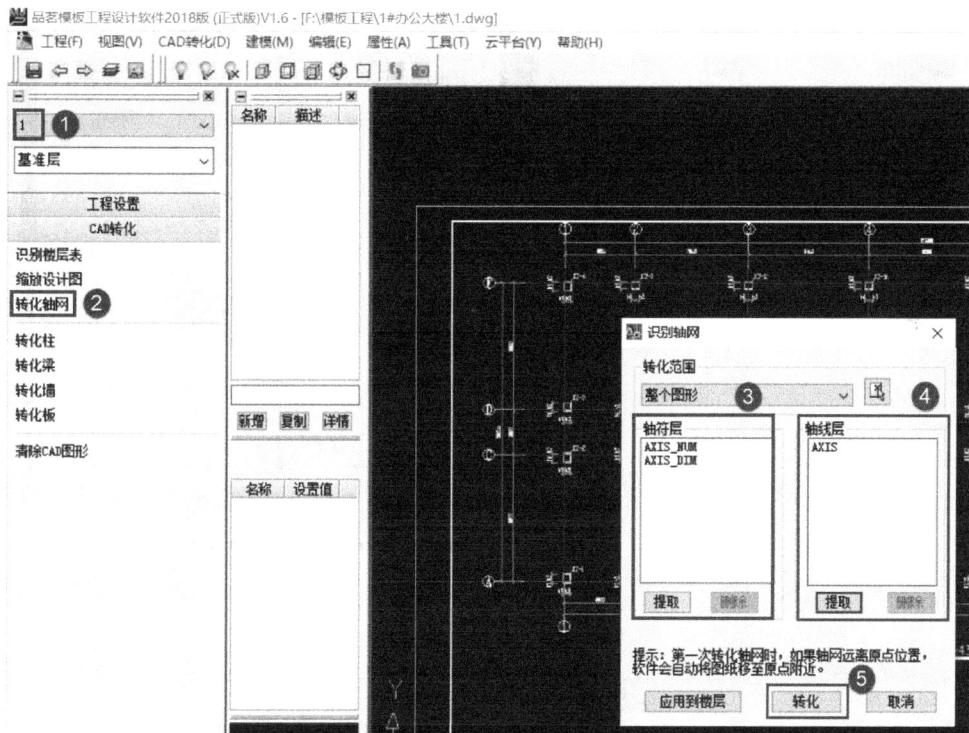

图 3-22　转化轴网

（1）选定要操作的标准层，这里从办公楼第 1 层开始。

（2）点击"转化轴网"，出现"识别轴网"对话框。"提取"轴符层，在视图区选中包括轴号、轴距标注所在图层；"提取"轴线层，在视图区选中轴线层。选中后如有遗漏，可再次提取，直到相应图层完全不见。

（3）点击"转化"，完成模型的轴网建立。并可应用到其他楼层。

3.3.3　转化柱

在已转化轴网的柱子平面布置图上，点击"转化柱"，出现"识别柱"对话框（图 3-23）。转化前需设置柱识别符（图 3-24），柱识别符作为可被软件识别的代号，应符合国家建筑标准设计图集 16G101-1 对于柱和墙柱编号的规定（表 3-2、表 3-3）。

转化柱

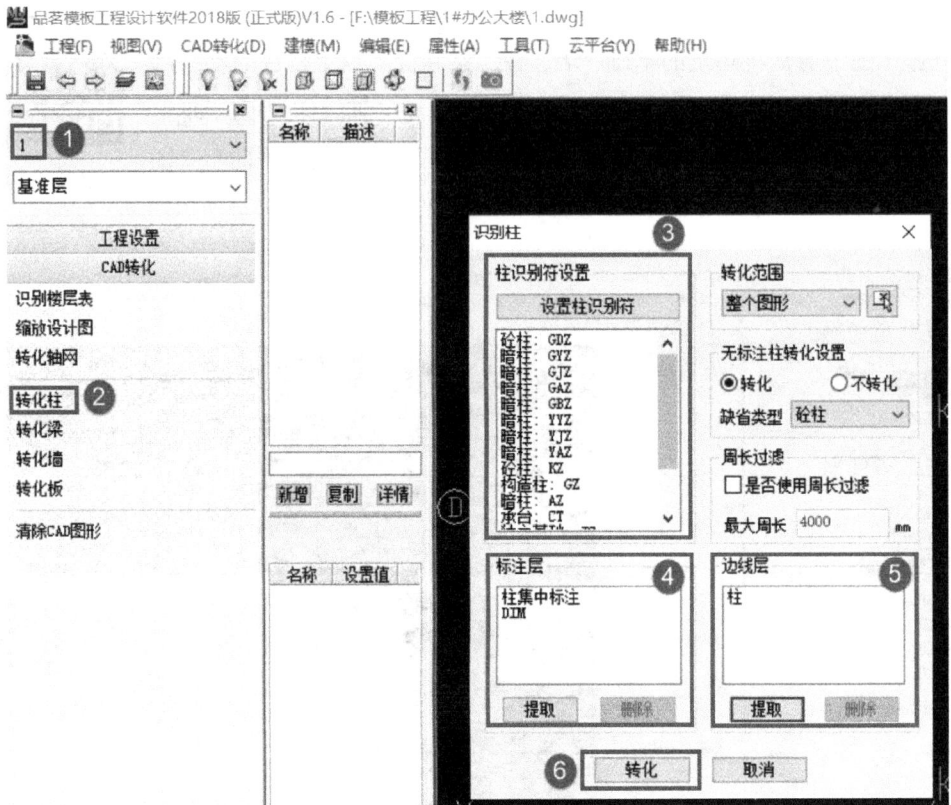

图 3-23　转化柱

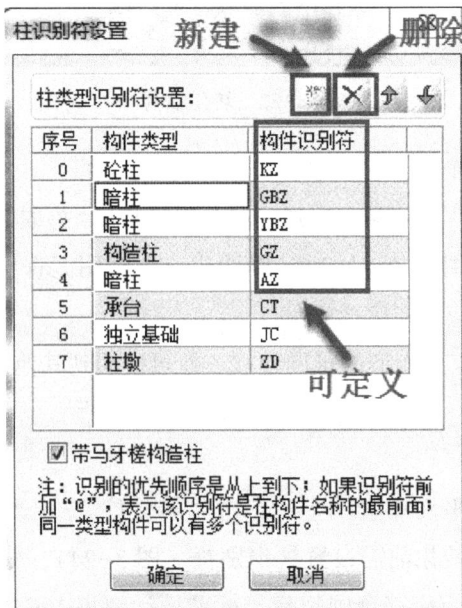

图 3-24　转化柱识别符

	柱编号	表 3-2
柱类型	代号	序号
框架柱	KZ	xx
转换柱	ZHZ	xx
芯柱	XZ	xx
梁上柱	LZ	xx
剪力墙上柱	QZ	xx

注：编号时，当柱的总高、分段截面尺寸和配筋均对应相同，仅截面与轴线的关系不同时，仍可将其编为同一柱号，但应在图中注明截面与轴线的关系。

	墙柱编号	表 3-3
墙柱类型	代号	序号
约束边缘构件	YBZ	xx
构造边缘构件	GBZ	xx
非边缘暗柱	AZ	xx
扶壁柱	FBZ	xx

注：约束边缘构件包括约束边缘暗柱、约束边缘端柱、约束边缘翼墙、约束边缘转角墙四种。构造边缘构件包括构造边缘暗柱、构造边缘端柱、构造边缘翼墙、构造边缘转角墙四种。

具体操作步骤如图 3-23 所示。

（1）选定要操作的标准层，这里从办公楼第 1 层开始。

（2）"识别柱"对话框中设置柱识别符，以便提取图纸中对应信息。"提取"标注层，在视图区选中包括柱编号、柱定位标注所在图层；"提取"边线层，在视图区选中柱截面外框线层。选中后如有遗漏，可再次提取，直到相应图层完全不见。

（3）点击"转化"，完成模型的 1 层柱转化。通过"本层三维显示"检查模型（图 3-25）。

3.3.4 转化墙

办公大楼采用钢筋混凝土框架结构形式，因此地上没有混凝土墙部分，这里仅做简单的介绍。

转化墙

（1）将剪力墙平面布置图带基点复制至本软件，选定要操作的标准层。

（2）点击"转化墙"，出现"识别墙及门洞口"对话框。点击"墙转化设置"中"添加"，来识别图纸中墙边线信息。首先，在图 3-26 中 4 处将软件提供的墙厚信息全部添加；再检查图纸中是否有其他墙厚尺寸，如有遗漏可输入添加或者从图中量取；在 5 处提取墙的边线层，观察图纸直至边线层全部提取。

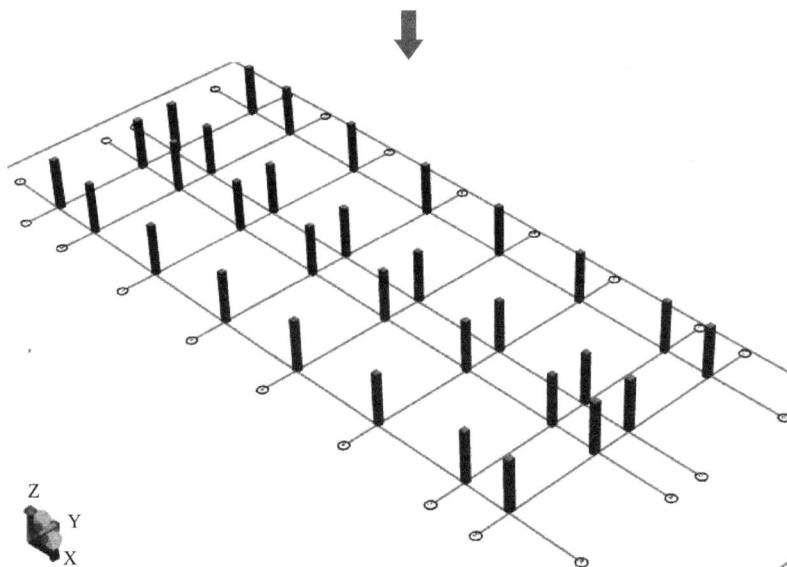

图 3-25　本层三维显示（柱）

（3）右键点出对话框，如图 3-27 所示，提取"墙名称标注层"，观察图纸直至墙名称全部提取。完成转化，并通过三维效果进行检查。

3.3.5　转化梁

品茗模板工程设计软件对梁的智能识别是基于梁平法施工图制图规则，梁平法施工

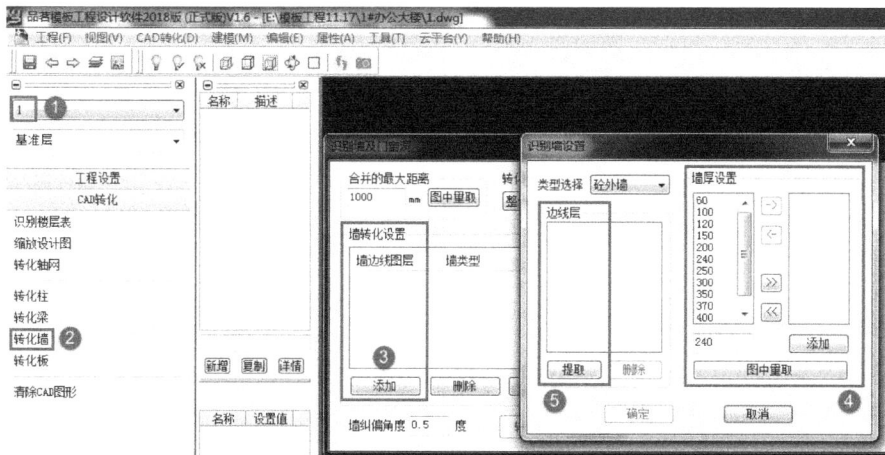

图 3-26 提取墙边线图层

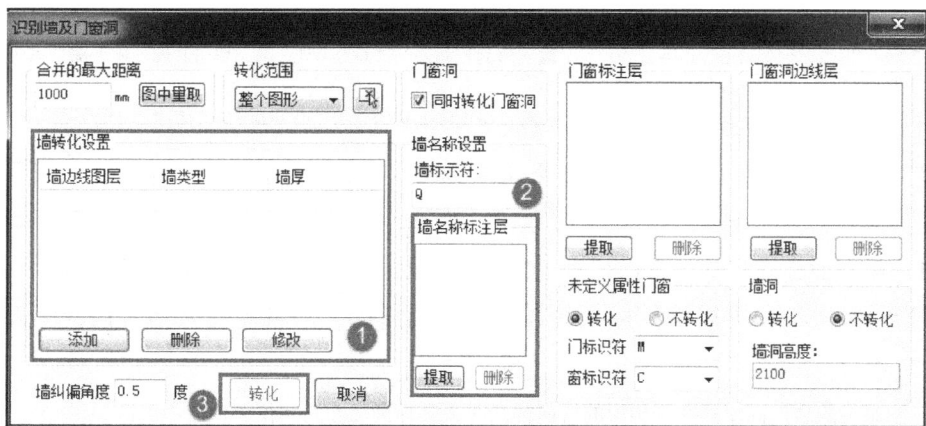

图 3-27 转化墙

图系在梁平面布置图上采用平面注写方式或截面注写方式表达，这又以前者最为常用。平面注写包括集中标注与原位标注，集中标注表达梁的通用数值，原位标注表达梁的特殊数值。对于模板工程，需要用到的标注数值有：梁编号、截面尺寸、梁顶面标高高差，应符合国家建筑标准设计图集 16G101-1 的相关规定。

转化梁

（1）梁编号由梁类型代号、序号、跨数及有无悬挑代号几项组成，并应符合表 3-4 的规定。

梁编号 表 3-4

梁类型	代号	序号	跨数及是否带有悬挑
楼层框架梁	KL	xx	(xx)、(xxA) 或 (xxB)
楼层框架扁梁	KBL	xx	(xx)、(xxA) 或 (xxB)

梁类型	代号	序号	跨数及是否带有悬挑
屋面框架梁	WKL	xx	(xx)、(xxA) 或 (xxB)
框支梁	KZL	xx	(xx)、(xxA) 或 (xxB)
托柱转换梁	TZL	xx	(xx)、(xxA) 或 (xxB)
非框架梁	L	xx	(xx)、(xxA) 或 (xxB)
悬挑梁	XL	xx	(xx)、(xxA) 或 (xxB)
井字梁	JZL	xx	(xx)、(xxA) 或 (xxB)

注：1. (xxA) 为一端有悬挑，(xxB) 为两端有悬挑，悬挑不计入跨数。

　　【例】KL7 (5A) 表示第 7 号框架梁，5 跨，一端有悬挑；

　　　　 L9 (7B) 表示第 9 号非框架梁，7 跨，两端有悬挑。

　　2. 楼层框架扁梁节点核心区代号 KBH。

　　3. 本图集中非框架梁 L、井字梁 JZL 表示端支座为铰接；当非框架梁 L、井字梁 JZL 端支座上部纵筋为充分利用钢筋的抗拉强度时，在梁代号后加 "g"。

　　【例】Lg7 (5) 表示第 7 号非框架梁，5 跨，端支座上部钢筋为充分利用钢筋的抗拉强度。

（2）梁截面尺寸为必注值。当为等截面梁时，用 bxh 表示，且原位标注优先于集中标注。

（3）梁顶面标高高差，系指相对于结构层楼面标高的高差值，对于位于结构夹层的梁，则指相对于结构夹层楼面标高的高差。有高差时，需将其写入括号内，无高差时不注。

注：当某梁的顶面高于所在结构层的楼面标高时，其标高高差为正值，反之为负值。

【例】某结构标准层的楼面标高分别为 44.950m 和 48.250m，当这两个标准层中某梁的梁顶面标高高差注写为 (-0.050) 时，即表明该梁顶面标高分别相对于 44.950m 和 48.250m 低 0.050m。

具体操作步骤如下：

（1）从办公楼第 1 层开始，创建该层顶部的梁，需将 "3.900 标高梁平法施工图" 带基点复制至软件。

（2）如图 3-28 所示，为方便捕捉轴线交点，可通过 "构件显示" 中 "显示控制" 关闭柱层。

（3）点击 "转化梁"，出现 "梁识别" 对话框（图 3-29），设置梁识别符，以便提取图纸中对应信息（图 3-30）。"提取" 标注层，在视图区选中包括集中标注和原位标注所在图层；"提取" 边线层，在视图区选中梁线层。选中后如有遗漏，可再次提取，直到相应图层完全不见。

（4）点击 "转化"，完成模型的 1 层顶梁转化。恢复柱层显示，通过 "本层三维显示" 检查模型（图 3-31）。

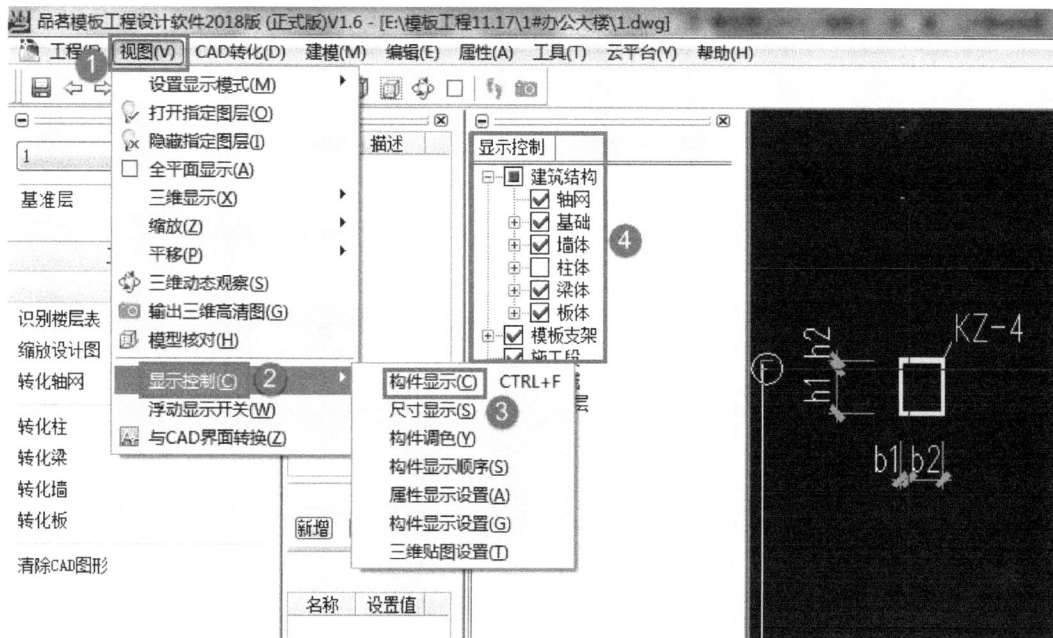

图 3-28　显示控制

图 3-29　转化梁

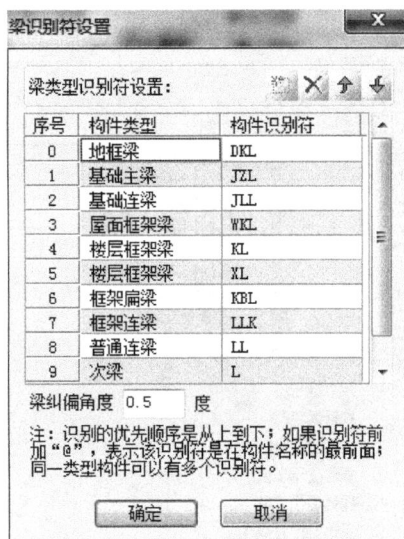

图 3-30 梁识别符设置

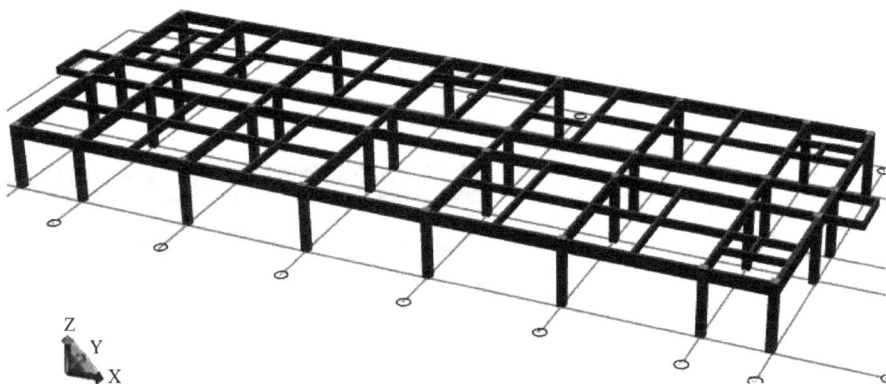

图 3-31 本层三维显示（梁、柱）

3.3.6 转化板

"清除 CAD 图形"后，从办公楼第 1 层开始，创建顶层的板，需将"3.900 标高板配筋图"带基点复制至软件（操作同转化梁），转化具体操作如图 3-32 所示。

转化板

（1）点击"转化板"，出现"识别板"对话框。"提取"标注层，在视图区选中板相关信息，如板厚、板标高等。选中后如有遗漏，可再次提取，直到相应图层完全不见。

（2）查看图纸说明中未注明板厚信息，填入"缺省板厚"中，完成转化。

（3）根据图纸对模型进行调整：①删除多余的板；②选中板，调整板厚（如图 3-33

图 3-32　转化板

中 1 处）；③显示和调整板面标高（如图 3-33 中 2 处、图 3-34）。最后通过"本层三维

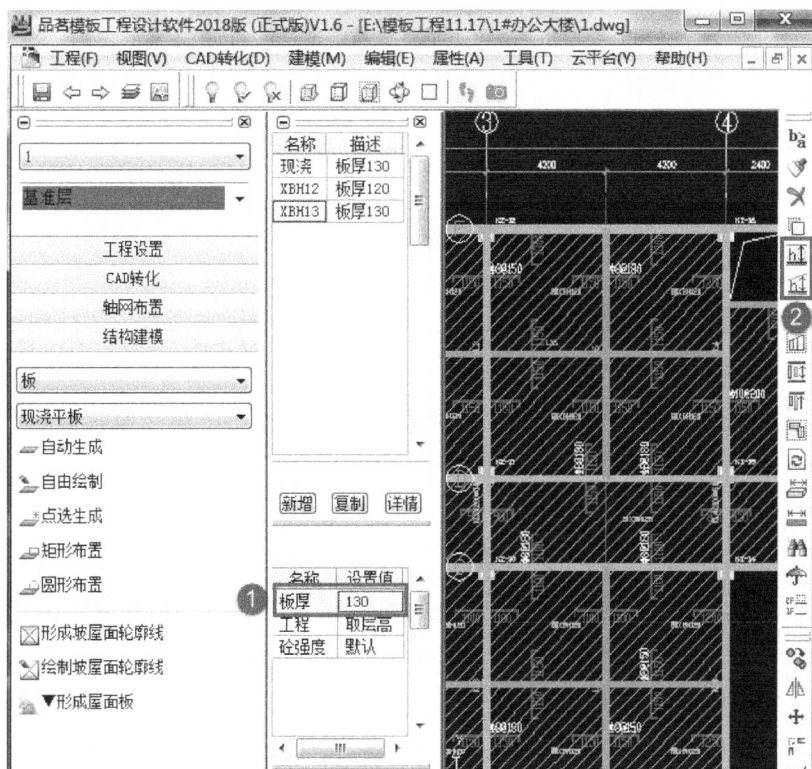

图 3-33　板调整

显示"检查模型（图 3-35）。

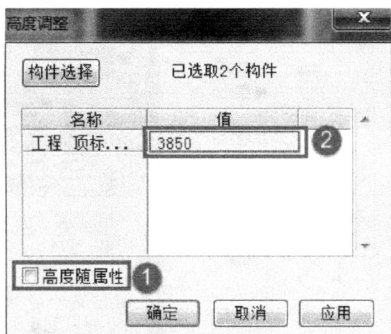

图 3-34　板面标高

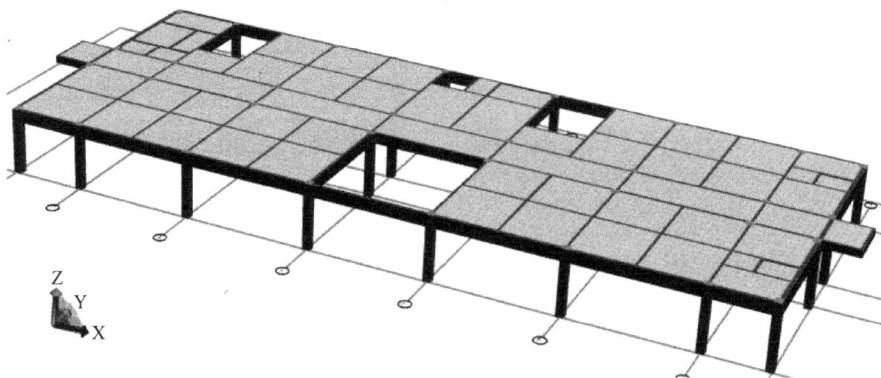

图 3-35　本层三维显示（梁、板、柱）

3.4　结构建模

除了智能识别建模外，手工建模（即结构建模）也是经常用来构建结构模型的一种处理方案。结构建模不仅具有基于行业用户习惯设计的建模功能，而且具有简单易用、快捷高效的特点，是构建局部结构模型的首选解决方案。本节将按照结构建模的一般顺序：绘制轴网、布置柱、墙、梁、板等进行介绍。

3.4.1　轴网布置

选定要操作的标准层，这里从办公楼第 2 层开始，进行结构建模介绍。为了与第 1 层轴网对齐，可采用层间复制轴网到第 2 层（图 3-36），保留轴①和轴Ⓐ以便定位，删除其余轴网。轴网是结构建模的基准，品茗模板工程设计软件可对轴网进行绘制、移动、删除、合并、转辅轴等操作，支持正交、弧形轴网等多种形式的自由绘制，具体操作如下。

轴网布置

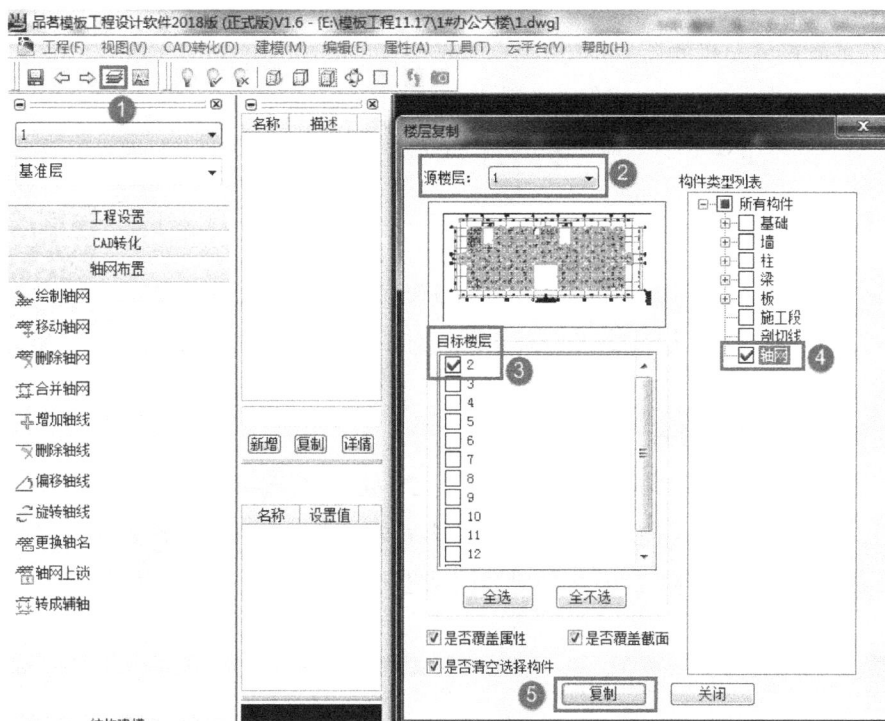

图 3-36 轴网层间复制

（1）点击"轴网布置"中"绘制轴网"，出现"轴网"对话框，如图 3-37。在下开间下部空白行右键点击"添加"增加行，分别输入轴①~轴⑧之间的轴间距；在左进深

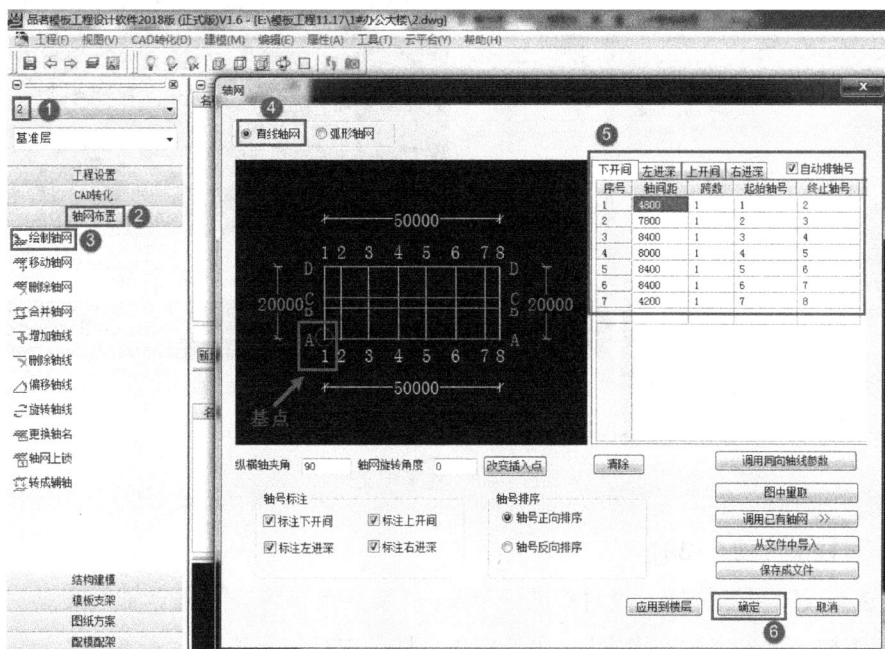

图 3-37 轴网布置

下部空白行右键点击"添加"增加行，分别输入轴Ⓐ~轴Ⓓ之间的轴间距。点击"确认"，将新建轴网体系按照图 3-37 中基点位置导入 2 层视图中。

（2）点击"删除轴线"，将保留的轴①和轴Ⓐ清除。

（3）在视图区用 CAD 直线命令画出辅助轴线，再点击"转成辅轴"，完成添加辅助轴线。

3.4.2 柱建模

从办公楼第 2 层开始创建结构柱，所有结构构件应遵循先定义后布置的建模原则。打开第 2 层柱子平面布置图，对轴①和轴Ⓐ交接处 KZ1 进行布置。

柱建模

1. 定义柱子（图 3-38）

在"结构建模"中选择构件类型"柱"（见 3 处），再选择柱子类型为"砼柱"；在 5 处确定当前操作为 KZ1，双击 6 处，出现右侧"选择截面"对话框，在 7 处选择截面形式为"矩形"，在 8 处对截面尺寸进行点击修改，完成后确认。

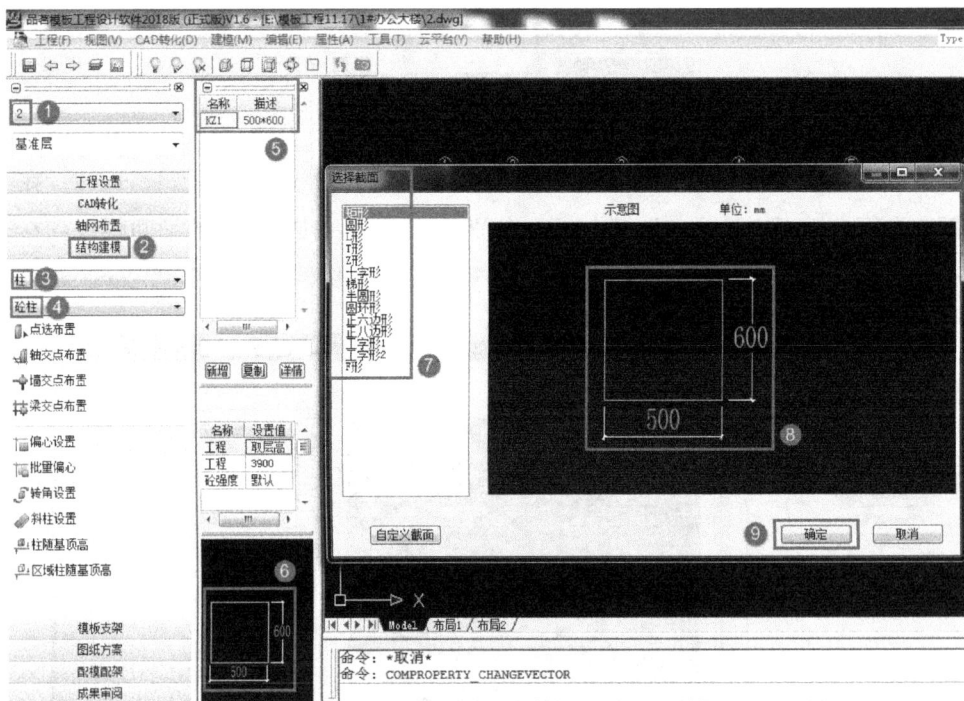

图 3-38　柱子定义

2. 布置柱子（图 3-39）

"点选布置"可选择插入点对柱进行布置；"轴交点布置"可框选轴线交点，在选中交点处布置柱。点击"偏心设置"，可选中单个柱子进行偏心修正；若要对多个柱子进行偏心修正，可通过"批量偏心"进行设置。其余柱子请参照此方法依次布置。

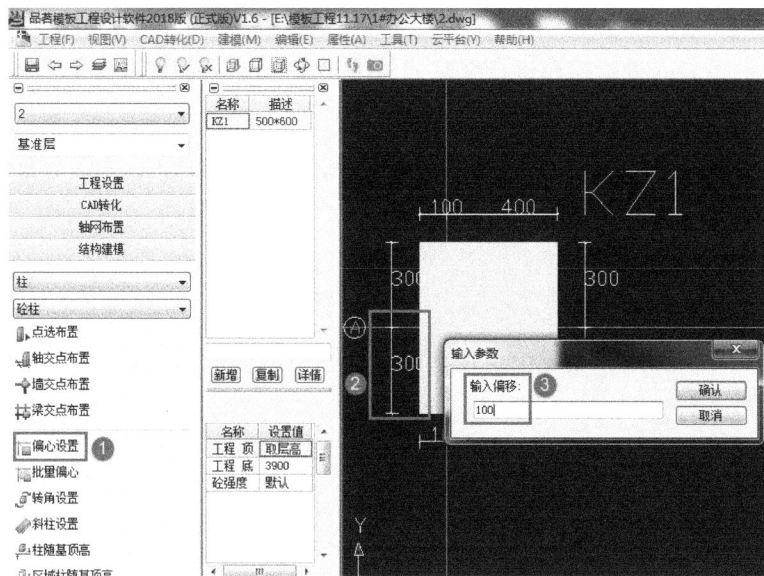

图 3-39　偏心设置

3.4.3　墙建模

同前所述，该工程地上没有混凝土墙部分，这里仅做简单的介绍。

墙建模

1. 定义墙（图 3-40）

在"结构建模"中选择构件类型"墙"（见 3 处），再选择墙类型为

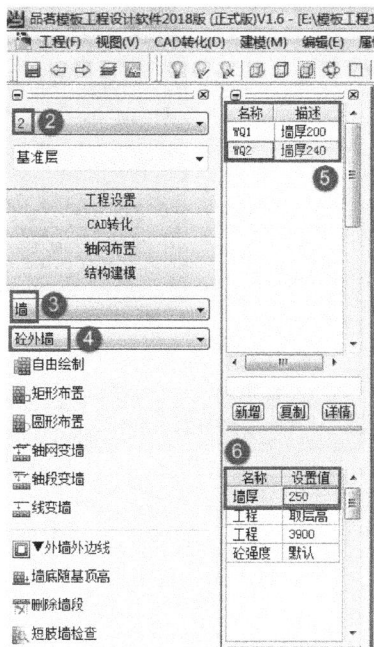

图 3-40　墙定义

"砼外墙"。"新增"混凝土外墙，在 5 处可对新增墙的名称和描述进行定义，但真实的墙厚显示在 6 处，应在 6 处对墙厚进行修改，并使 5 处描述与其对应。

2. 布置墙

如图 3-40 所示，对墙布置可采用"自由绘制"、"矩形布置"、"圆形布置"，同时也可把已存在的轴网、轴段、线段直接转化成墙。

3.4.4 梁建模

从办公楼第 2 层开始，创建该层顶部的梁，梁构件应遵循先定义后布置的建模原则。打开"7.500 标高梁平法施工图"，对轴①上 KL1 进行布置。

梁建模

1. 定义梁（图 3-41）

在"结构建模"中选择构件类型"梁"（见 3 处），再选择梁类型为"框架梁"（见 4 处）；在 5 处新增梁，在 6 处确定当前操作为 KL1，双击 7 处，出现右侧"选择截面"对话框，在 8 处选择截面形式为"矩形"，在 9 处对截面尺寸进行点击修改，完成后确认。

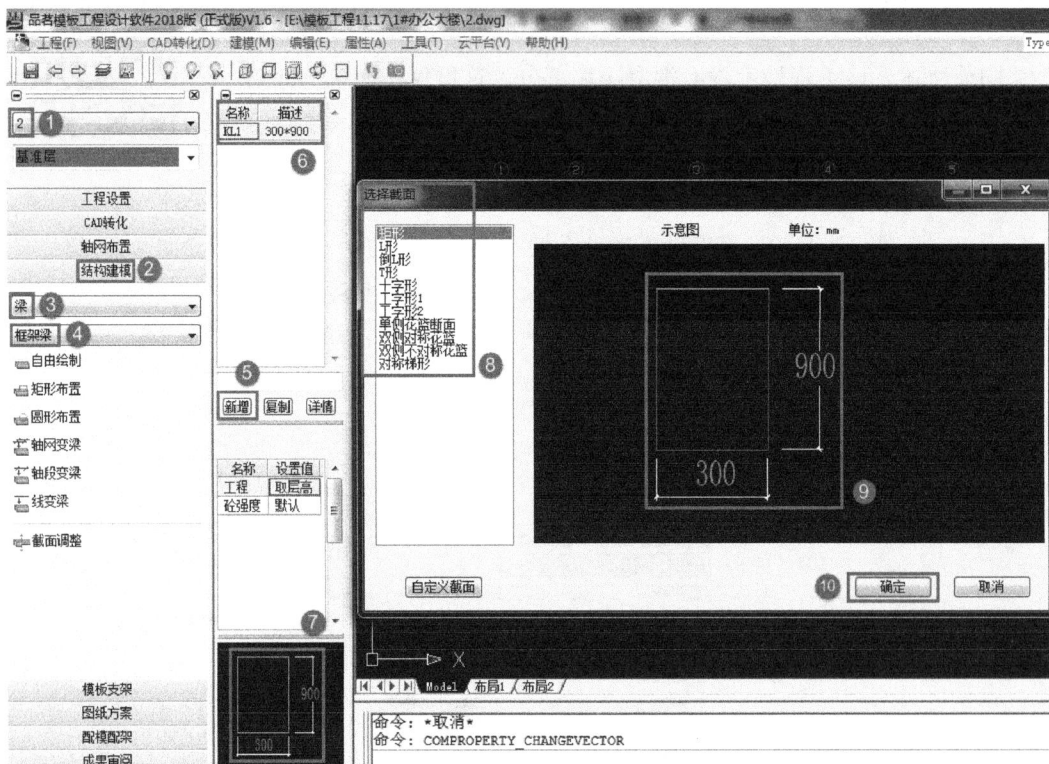

图 3-41　梁定义

2. 布置梁（图 3-42）

用"自由绘制"对梁进行布置，首先要选中要布置的梁（见 1 处），然后在"属性"

对话框中定义梁与布置路径的关系以及梁顶标高（见 3 处），最后在视图区绘制。对梁布置还可采用"矩形布置"、"圆形布置"，同时也可把已存在的轴网、轴段、线段直接转化成梁。

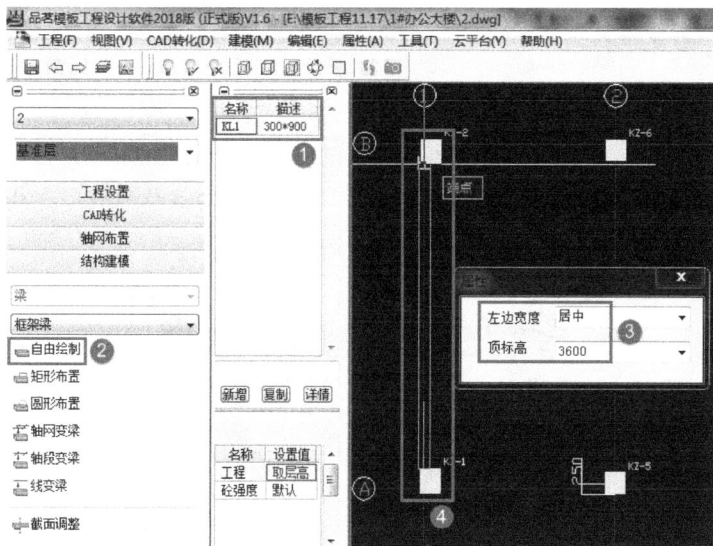

图 3-42　梁布置

除了用"移动"命令来调整梁位置，还可用"柱梁墙对齐"来使 KL1 梁边和柱边对齐进行位置调整（图 3-43 中 1 处）；点击"构件调整高度"，可对梁进行高度修正（图 3-43 中 2 处）。其余梁请参照此方法依次布置。

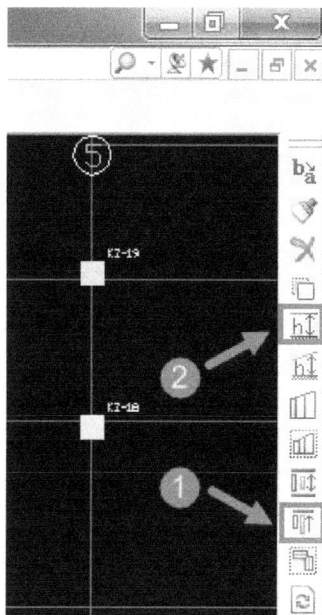

图 3-43　梁调整

3.4.5 板建模

从办公楼第 2 层开始，创建该层顶部的板，打开"7.500 标高板配筋图"，对照图纸进行布置。

1. 定义板（图3-44）

板建模

在"结构建模"中选择构件类型"板"（见 3 处），再选择板类型为"现浇平板"。"新增"板，在 5 处可对新增板的名称和描述进行定义，但真实的板厚显示在 6 处，应在 6 处对板厚进行修改，并使 5 处描述与其对应。7 处可显示此类型板外观。

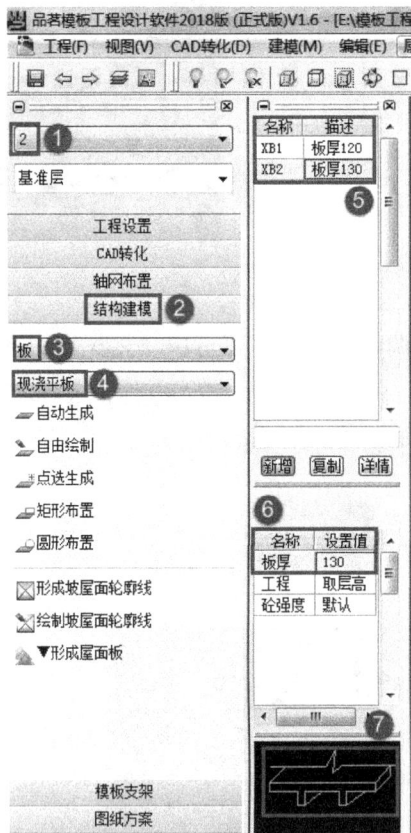

图 3-44　板定义

2. 布置板

用"自动生成"进行板布置，首先要设置生成板的方式（图3-45），其次框选要布置板的区域（这里全选 2 层区域）。对板布置还可采用"自由绘制"、"点选生成"、"矩形布置"、"圆形布置"，同时也可通过轮廓线生成坡屋面板。

根据图纸对模型进行调整：①删除多余的板；②调整板厚（通过新增板）；③显示和

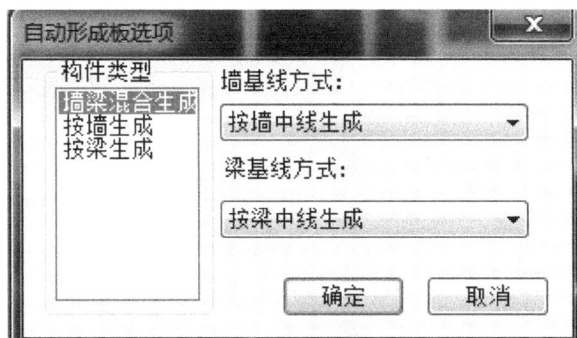

图 3-45　自动生成板

调整板面标高（如图 3-33 中 2 处、图 3-34）。

最后通过"本层三维显示"检查模型（图 3-46）。

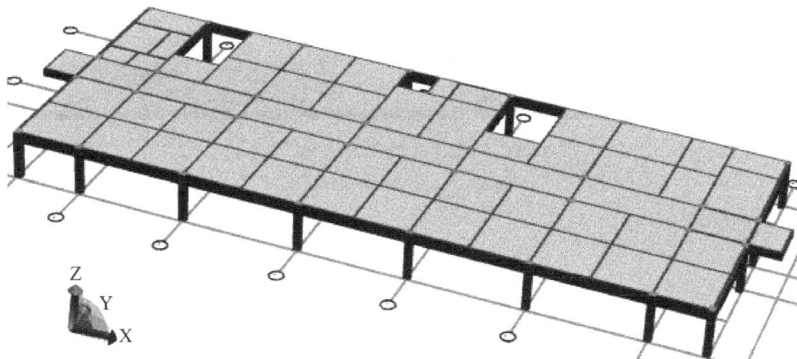

图 3-46　本层三维显示（梁、板、柱）

楼层复制

3.4.6　楼层复制

图纸中"7.500~39.900"标高内均为标准层，即模型中 2~11 层的楼层顶部梁板布置完全相同。该范围内柱的布置也相同，故可进行模型的楼层复制（图 3-47），将 2 层的所有构件复制到 3~11 层。

具体操作如下：点击"楼层复制"，选择源楼层为"2"、目标楼层为"3~11"，并点选要复制的构件"梁、板、柱"，完成复制。根据图纸信息，接着完成 12~13 层建模，最后通过"三维显示"中"整栋三维显示"来检查模型（图 3-48、图 3-49）。

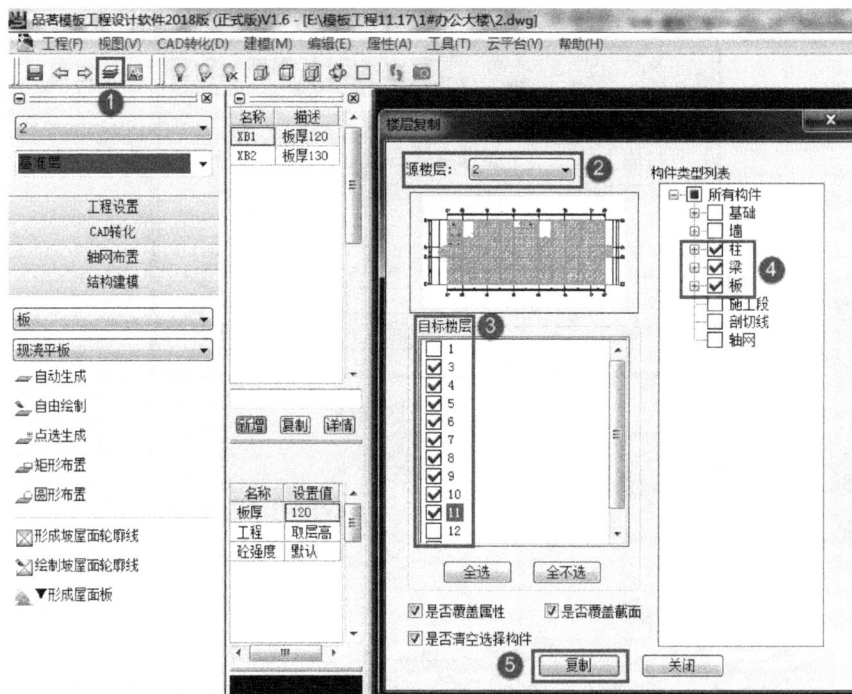

图 3-47 楼层复制（梁、板、柱）

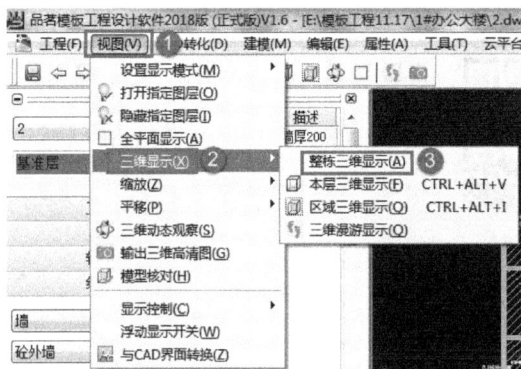

图 3-48 三维显示

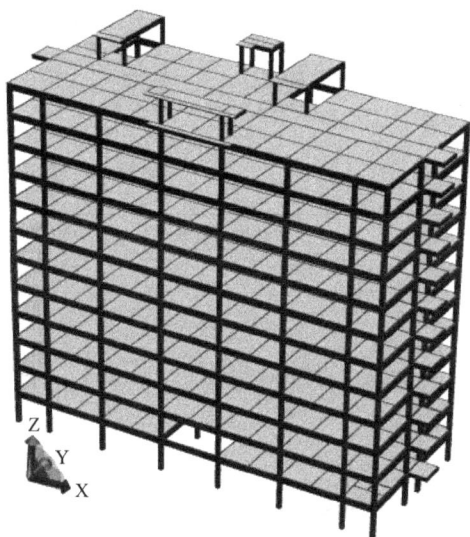

图 3-49 整栋三维显示

3.5 模板支架设计

完成结构建模后，即可进行模板支架的布置，模板支架的布置包括"智能布置"和

"手动布置"两种方式。对于一般工程的处理，通常是先进行"智能布置"，再使用"手动布置"进行调整，最后通过"智能优化"和"安全复合"来确定模板支架设计最终方案。

3.5.1　模板支架智能布置

品茗模板工程设计软件通过内置计算引擎和布置引擎，实现对已建结构模型智能布置模板支架的功能，能够极大地提升模板工程设计的工作效率。模板支架智能布置建立在相关技术规程和规范之上（表 3-1），在进行智能布置前，先要设置好模板支架计算和布置的相关参数，如设计计算依据、设计风载、构造参数、安全计算参数等。

模板支架
智能布置

1. 模板支架相关参数

如图 3-11 所示，打开"工程特征"对话框举例说明。本工程选择"架体类型"为"扣件式"，"计算依据"采用"《建筑施工扣件式钢管脚手架安全技术规范》JGJ 130—2011"。根据工程所在地选择省份和地区，软件会根据地区读取基本风压。在"构造要求"一栏，"梁底立杆纵向间距范围"默认值为"300，1200"，这里表示其间距范围为 300~1200mm，对于高支模等有更高要求的，可进行更改，其他参数根据实际工程需要类似设置。

2. 模板支架智能布置

（1）选定要操作的标准层，这里从办公楼第 1 层开始。

（2）点击"智能布置梁"，框选所有构件，完成梁模板支架整体智能布置，也可对梁模板支架仅进行底模布置或侧模布置。

（3）点击"智能布置板"，框选所有构件，完成板模板支架智能布置。

（4）点击"智能布置柱模板"，框选所有构件，完成柱模板智能布置。

（5）点击"智能布置剪刀撑"，完成剪刀撑智能布置（图 3-50）。

（6）点击"智能布置连墙件"，完成连墙件智能布置。

（7）点击"智能优化"，框选所有构件，完成构件衔接的优化（图 3-51、图 3-52）。

3.5.2　模板支架手动布置

品茗模板工程设计软件不仅可以对模板支架智能布置，还可以响应用户输入的模板支架布置参数，实现更贴切现场、满足个性需求的设计和手动布置。手动布置更适合技术高深、经验丰富的用户。同智能布置模板支架相同，手动布置也要设置好模板支架计算和布置的相关参数，如设计计算依据、设计风载、构造参数、安全计算参数等，这里就不再重复。

手动布置模板支架的一般顺序是：选择功能→选择对象→输入参数→布置成果，具体介绍如下。

模板支架
手动布置

图 3-50　剪刀撑智能布置

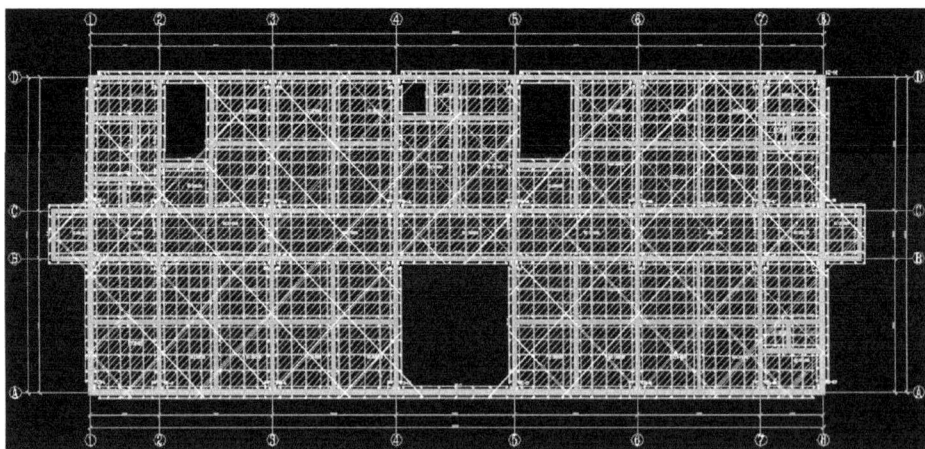

图 3-51　模板支架智能布置平面图

（1）选定要操作的标准层，这里从办公楼第 2 层开始。

（2）"手动布置梁立杆"是根据前面选择的梁相关布置参数，按照图纸及构造规范要求，进行单构件立杆布置，并在图中绘制立杆、水平杆等。点击"手动布置梁立杆"（图3-53），根据提示选择要布置的梁，也可通过框选形式批量布置，右键确认，最后将相关参数输入后确认完成。

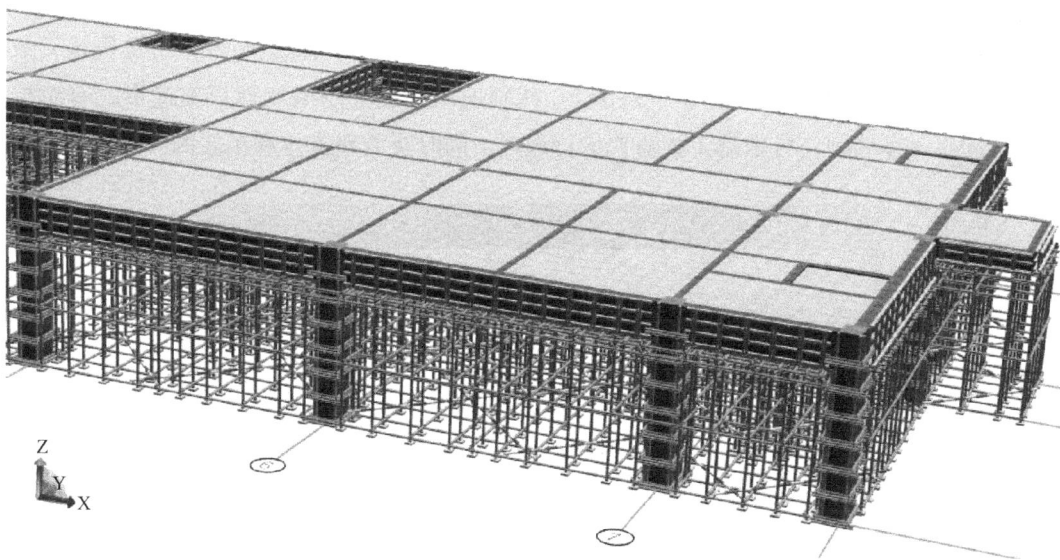

图 3-52　模板支架智能布置部分模型三维示意图

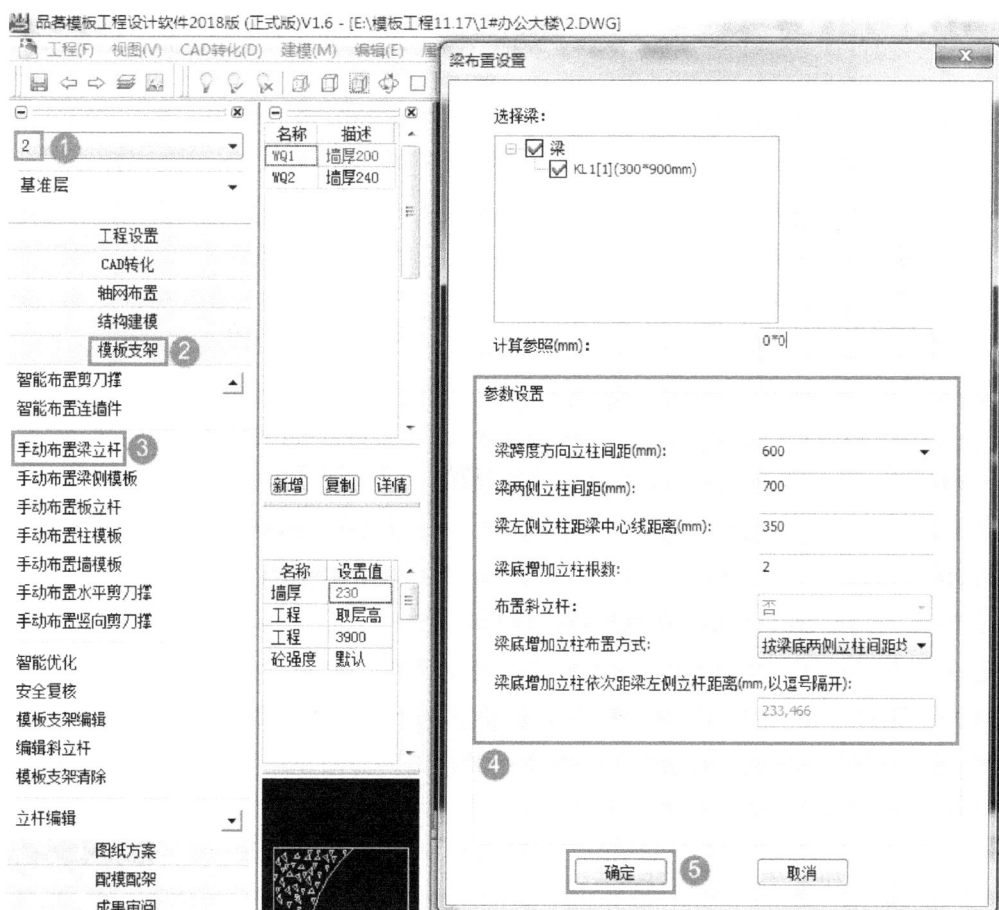

图 3-53　梁立杆手动布置

（3）"手动布置梁侧模板"是对梁进行侧模布置，并在图中绘制侧模。点击"手动布置梁侧模板"，根据提示选择要布置的梁，也可通过框选形式批量布置，右键确认，最后将相关参数输入后确认完成（图 3-54）。特别说明，这里的梁侧模板支撑形式有对拉螺栓和固定支撑两种，可根据工程需要进行选择，同时要调整支撑和梁底的位置关系。

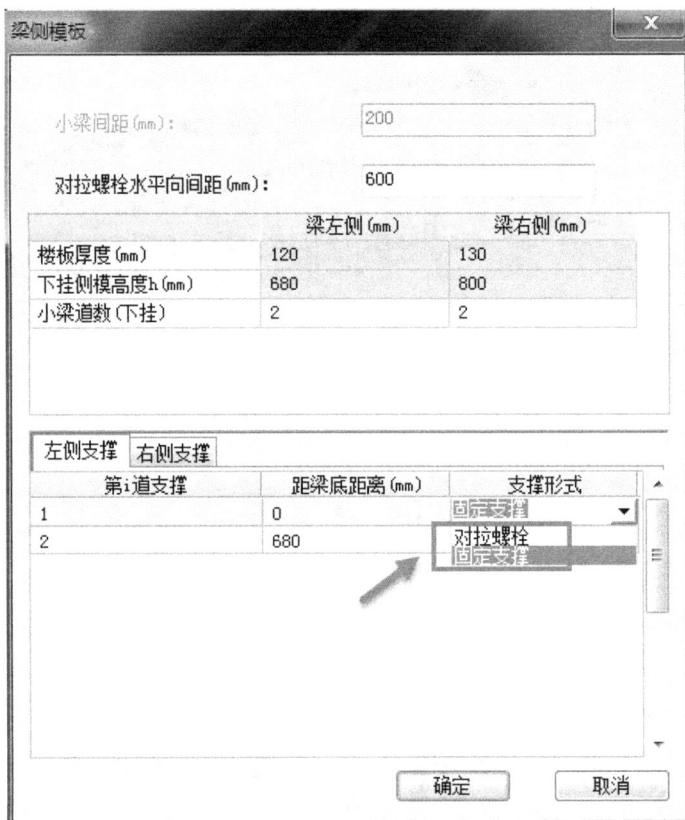

图 3-54　梁侧模板手动布置

（4）"手动布置板立杆"是对板进行立杆布置，并在图中绘制立杆、水平杆等。点击"手动布置板立杆"（图 3-55），点选或者框选要布置的板，右键确认，最后将相关参数输入后确认完成。

（5）"手动布置柱模板"是对柱进行模板布置，并在图中绘制柱模板（图 3-56）。"手动布置墙模板"同"手动布置柱模板"，办公楼没有设置剪力墙，就不再介绍。

（6）"手动布置水平剪刀撑"和"手动布置竖向剪刀撑"，是对剪刀撑进行手动布置。两者的操作步骤均为点击功能键，选择立杆，修改布置规则（图 3-57），确认完成。

3.5.3　模板支架编辑与搭设优化

完成模板支架布置后，需对模板支架平面布置进行调整和优化。

模板支架编辑
与搭设优化

图 3-55　板立杆手动布置

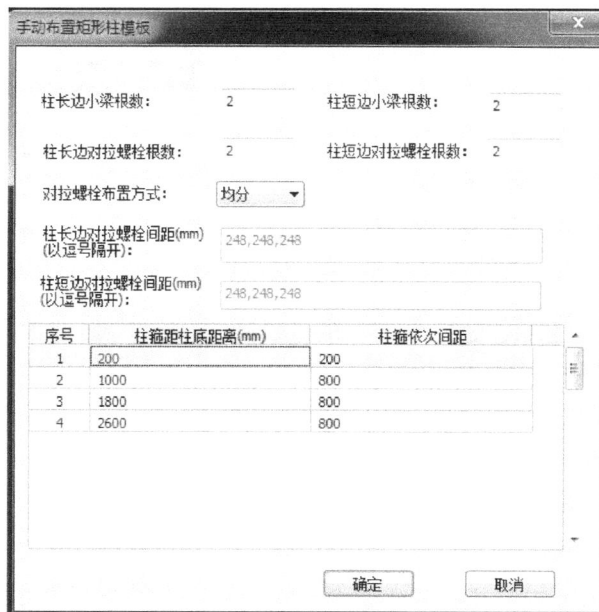

图 3-56　柱模板手动布置

1. 模板支架编辑

点击"模板支架编辑"，在"模板支架编辑"对话框中，可点击各项分别对模板支架进行手动编辑和修改（图3-58中3处），也可以点击"立杆编辑"、"横杆编辑"、"水平

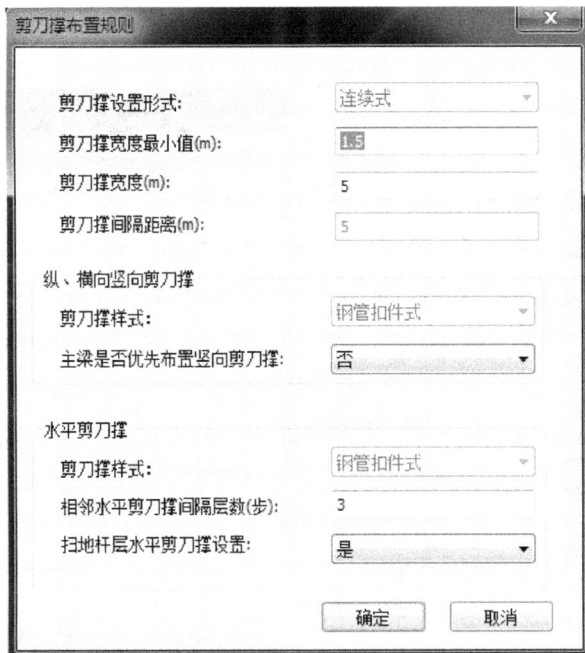

图 3-57　剪刀撑手动布置

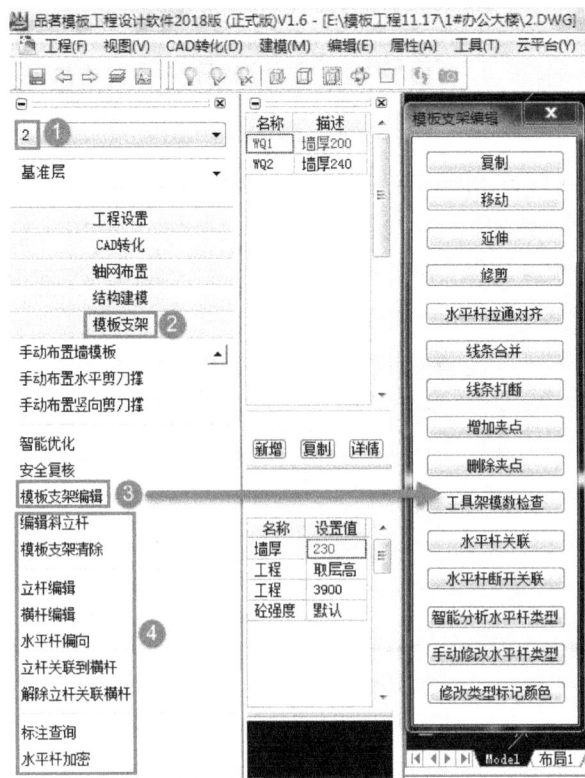

图 3-58　模板支架编辑

杆编辑"、"立杆关联到横杆"、"解除立杆关联横杆" 等功能对模板支架进行手动调整编辑 (图 3-58 中 4 处)。模板支架编辑是通过修改水平杆线条来实现对模板支架进行手动调整，同时通过梁底水平杆、梁侧水平杆、板底水平杆来区分杆件的类型，在线条的交叉点自动生成夹点，把夹点变成立杆 (图 3-59)。

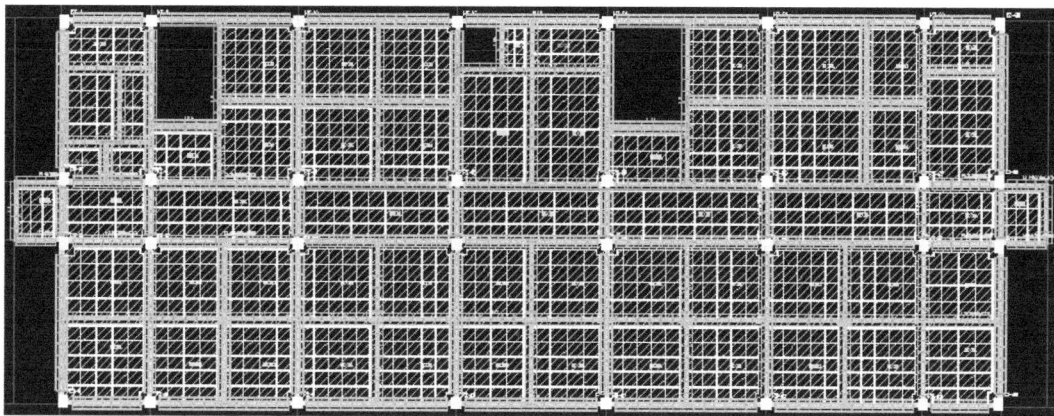

图 3-59　模板支架编辑

点击"构件删除" (图 3-60)，选择要删除的构件 (如水平杆)，框选包含该构件的部分，右键确认命令，此时梁侧模板不会被删除；继续点击"构件删除"，选择包含梁侧模板的梁，再框选要删除的范围，右键确认命令，此时梁侧模板就会被删除。

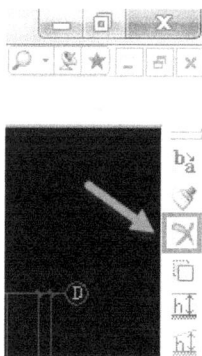

图 3-60　构件删除

2. 模板设计安全复合

点击"安全复核"，框选需要进行复核的部位，右键确认，然后选择要复核的构件类型 (图 3-61)，本工程对全部构件进行安全复核。如图 3-62 所示，有 4 根梁未通过安全复核，以 KL1 为例说明。双击汇总表中 KL1，快速定位不通过的梁段，通过"手动布置梁侧模板"，选择该梁，改变参数，进行重新布置，然后重新进行"安全复核"，直至通过。

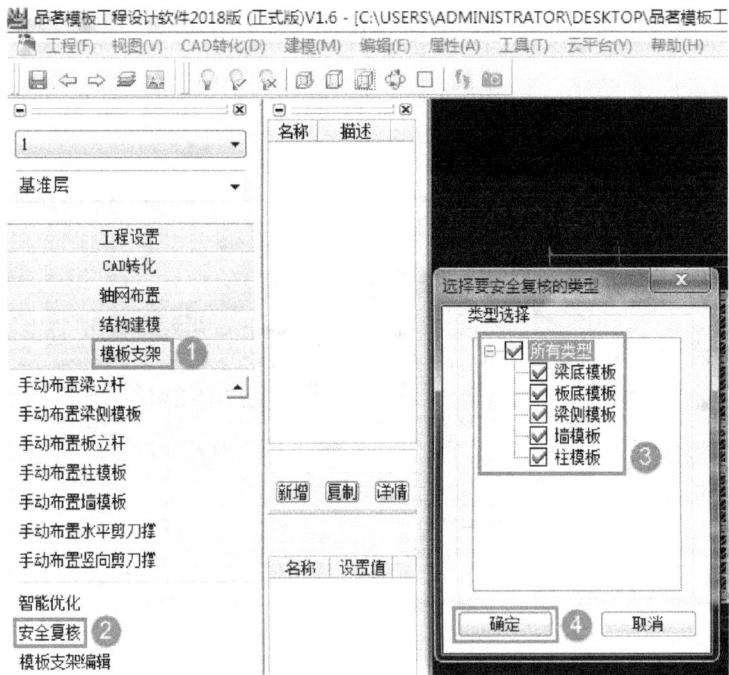

图 3-61 安全复核

图 3-62 复核结果

3. 优化梁板立杆搭接关系

查看布置后结果，发现梁、板交接处水平杆多处未拉通布置，可以通过"智能优化"命令进行优化。点击"智能优化"，框选要优化的部位，右键确认。优化前后对比图，如

图 3-63、图 3-64 所示。

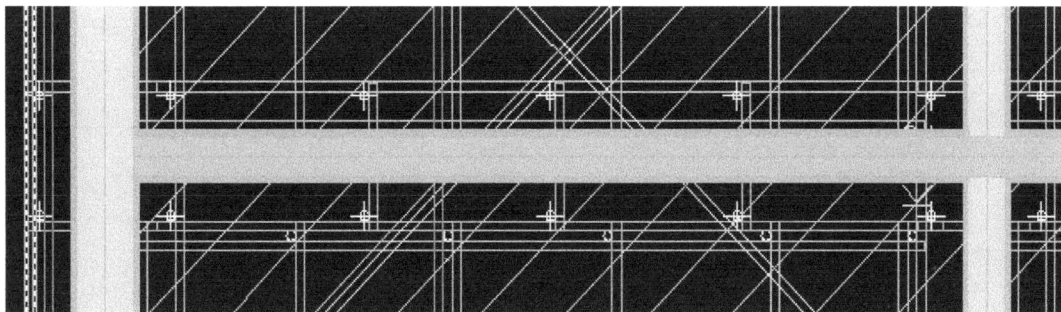

图 3-63　优化前

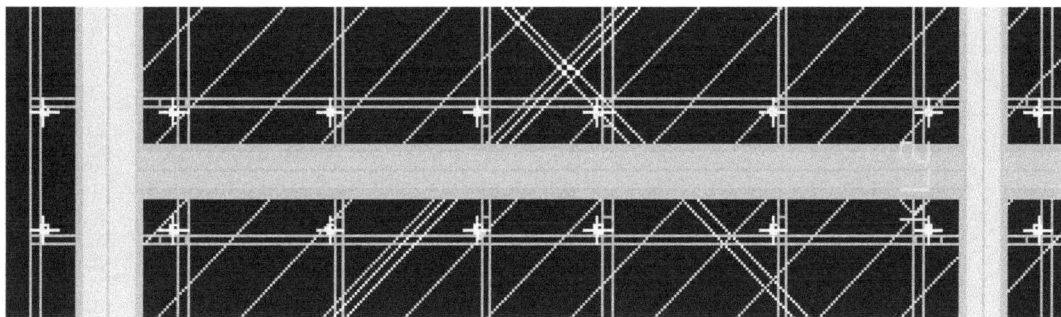

图 3-64　优化后

3.6　模板面板配置设计

品茗模板工程设计软件支持木模板的散拼配模方式，对于一般工程的处理，模板配置的一般顺序是：建立模型→完成模板支架布置→确定配模规则→进行模板配置→导出配置结果，具体介绍如下。

3.6.1　模板面板配模参数设置与配置规则修改

1. 配模参数设置

（1）标准板尺寸和梁下模板分割方式

打开"工程设置"中"配模配架"，可以对配模总体规则进行设置（见图 3-65）。双击"模板成品规格"一栏中"设置值"处，可对标准板尺寸进行修改。梁下模板分割方式有三种，其中横向分割如图 3-66 所示，竖向分割如图 3-67 所示，凹行切割如图 3-68 所示。

模板面板参数设置
与配置规则修改

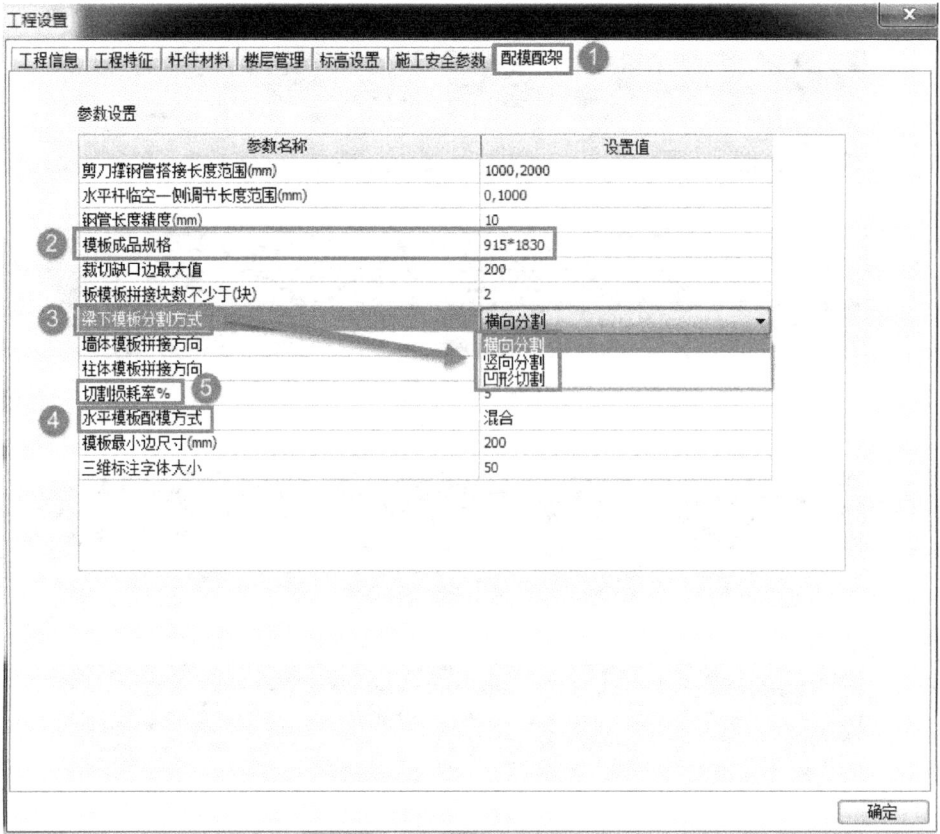

图 3-65　配模配架参数设置

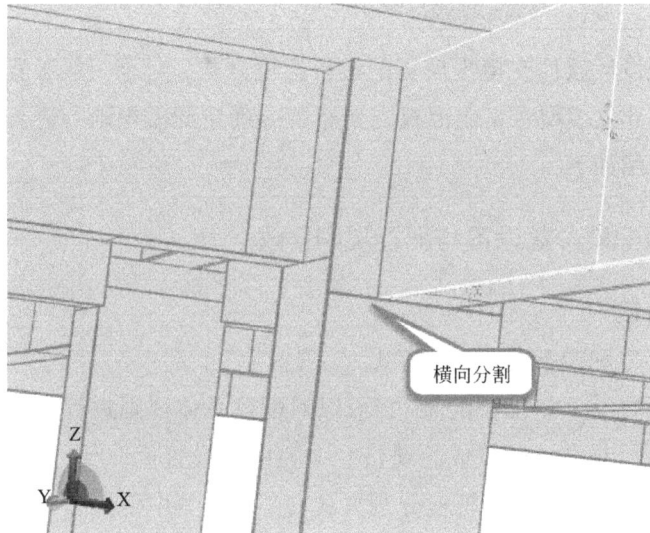

图 3-66　横向分割

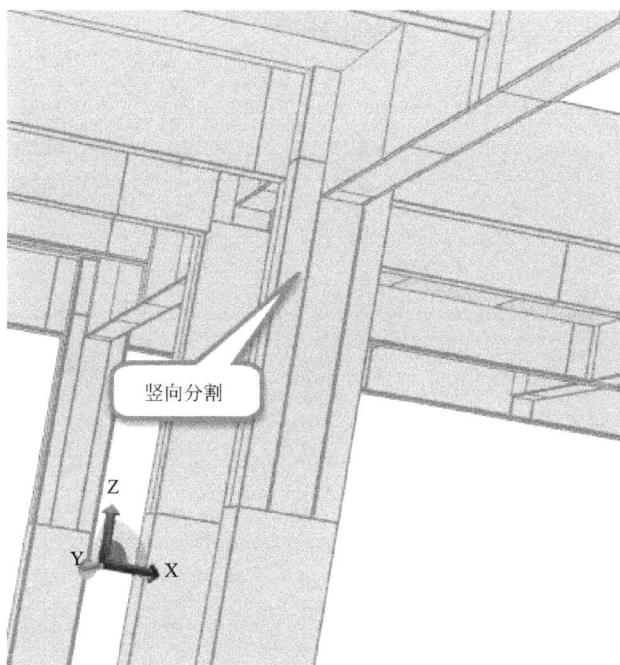

图 3-67　竖向分割

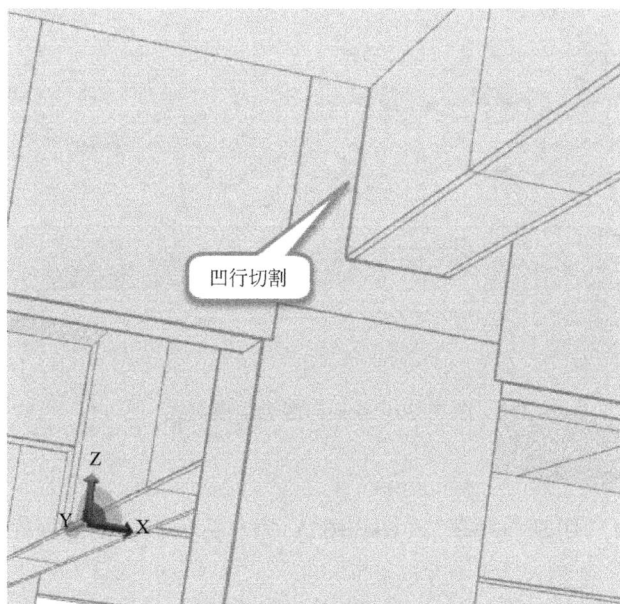

图 3-68　凹行分割

（2）水平模板配模方式

"配模配架"中"水平模板配模方式"（图 3-64）有两种，其中单向配模方式如图 3-69 所示，纵横向混合配模方式如图 3-70 所示。

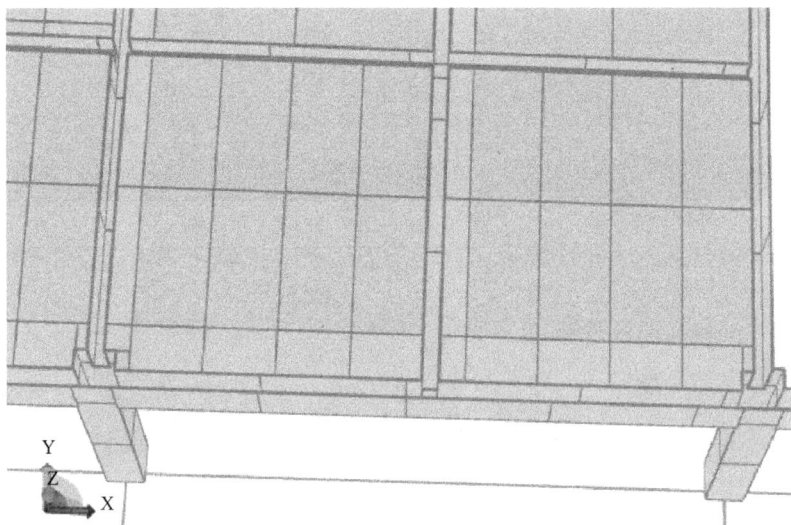

图 3-69　单向配模方式

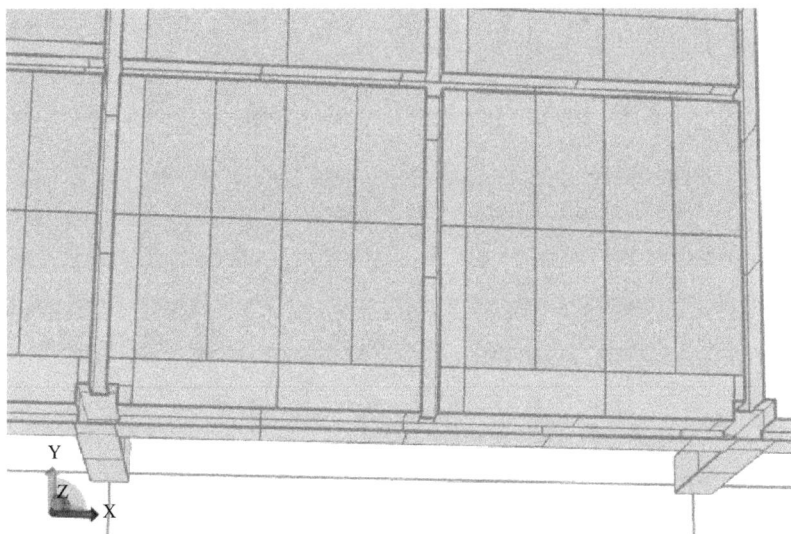

图 3-70　纵横向混合配模方式

（3）切割损耗率

"配模配架"中"切割损耗率"（图 3-65）为非标准板切割的损耗，在总量计算中会自动考虑损耗系数（见图 3-71 中 3 处）。

2. 配置规则修改

点击"配模配架"中"模板规则修改"，出现"模板规则修改"选项框，可通过"自由选择"进行点选或者框选要修改的部位，为了避免选择干扰，也可以通过点选相应构件（见图 3-72 中 3 处）再进行选择。选择完毕，出现"模板修改"对话框，输入相应数值，确认完成，梁侧模板下探效果见图 3-73。

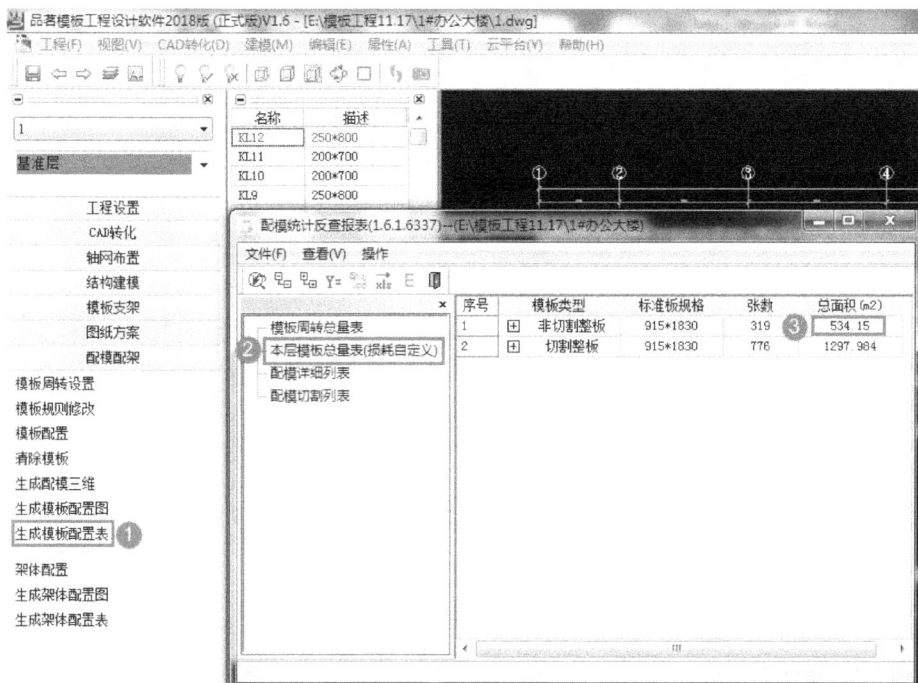

图 3-71　模板配置表

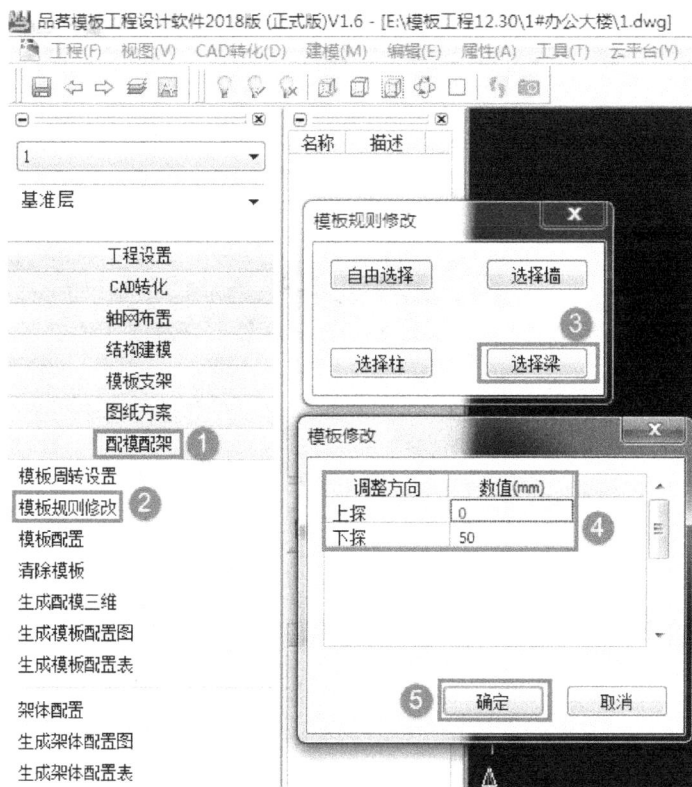

图 3-72　配置规则修改

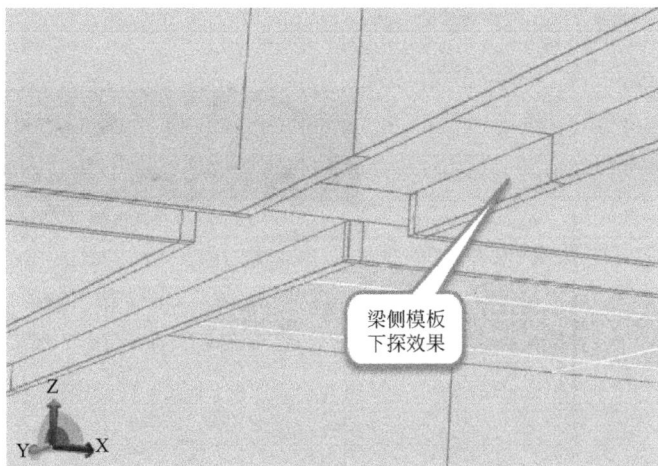

图 3-73　梁侧模板下探效果

3.6.2　模板配置操作与成果生成

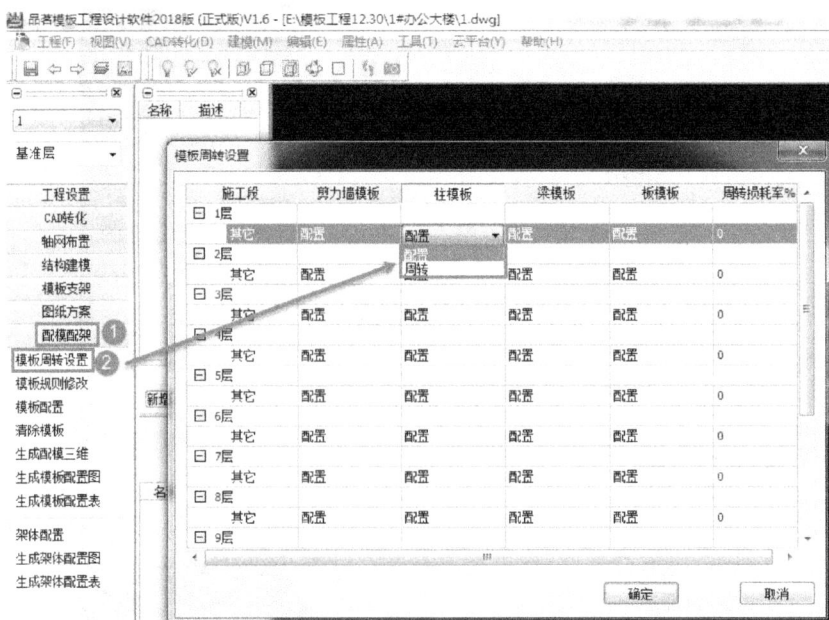

1. 模板周转设置

进行模板配置操作前，先要点击"模板周转设置"，出现图 3-74 中对话框，对每种构件分别设置模板配置方式。配置方式有"配置"和"周转"两种，"配置"方式是指按照本部位模板工程量进行实际配置计算，"周转"方式是指本部位模板是别的楼层周转过来的，实际工程量＝本部位所需模板量×周转损耗率。

模板配置操作与成果生成

图 3-74　模板周转设置

2. 模板配置

点击"模板配置"，如图 3-75 所示，选择模板的配置方式。既可以仅对本层进行模板配置，也可以在配置设置相同的前提下对整栋楼进行模板配置；既可以通过"自由选择"选择局部进行模板配置，也可以按照施工段进行模板配置。办公大楼项目这里可以对整栋楼进行模板配置。

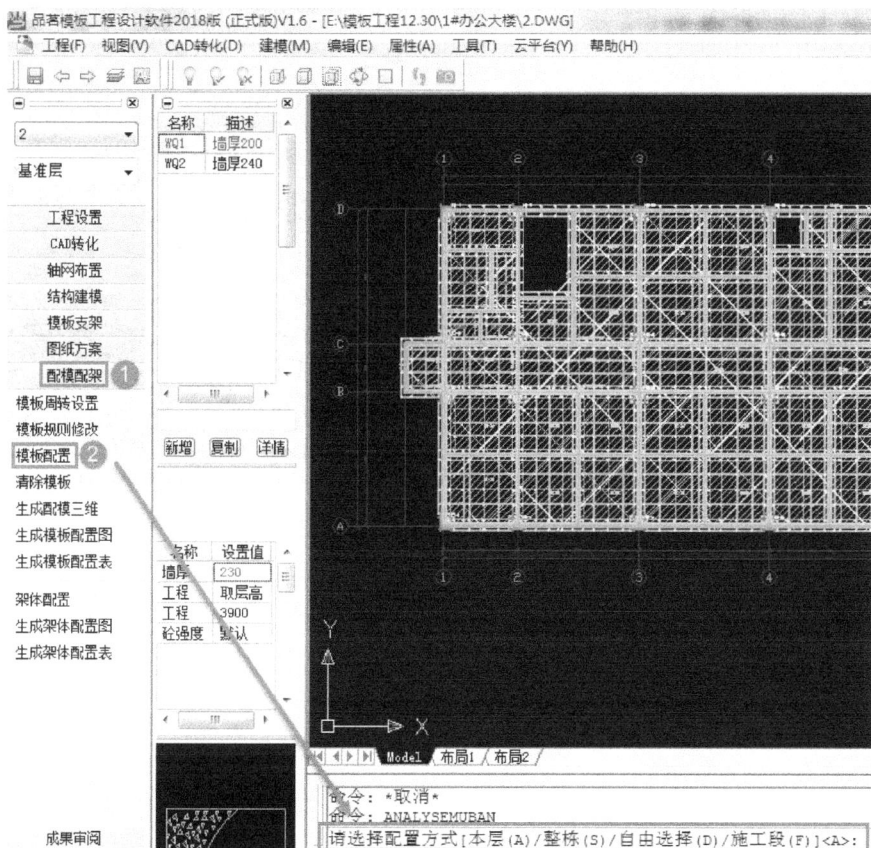

图 3-75　模板配置

3. 三维查看配模结果

点击"生成配模三维"，如图 3-76 所示，出现"查看配模图"对话框，可通过勾选构件左侧的方框，来单独查看相应构件的模板加工图，还可通过点击"三维显示"，查看整层的三维配模图（图 3-77）。

4. 手工修改配模结果

在三维配模图中，双击需手工调整的配模单元，进入配模修改界面-"自定义模板"对话框（见图 3-78）。点击"绘制切割线"对模板内部分割进行修改，并"执行切割"；点击"绘制轮廓线"，修改配模单元的外部轮廓线；如对修改后结果不满意，可点击"恢复默认"，最后确认完成。

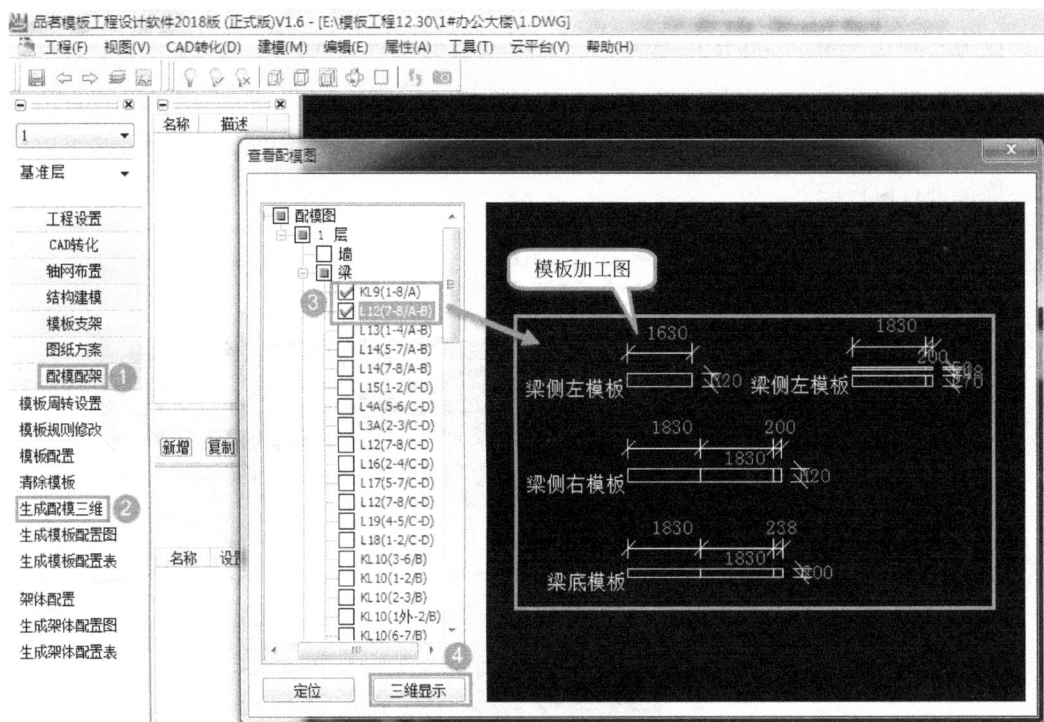

图 3-76　配模三维图生成

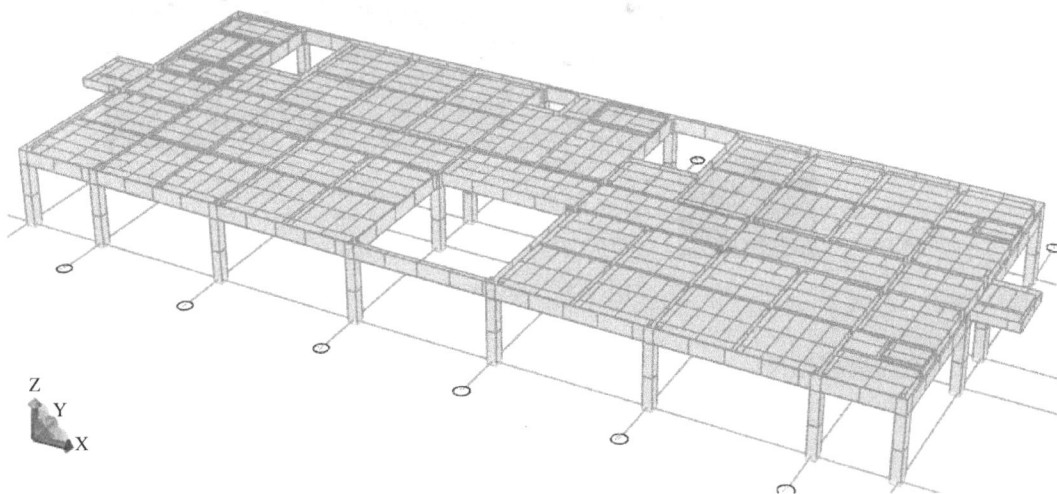

图 3-77　配模三维图展示

5. 配模成果生成

（1）模板配置图生成

点击"生成模板配置图"，根据需要选择导出方式，这里选择导出"本层"模板配置图，导出结果见图 3-79。本层模板配置图包括水平模板配置图和竖向模板配置图，水平

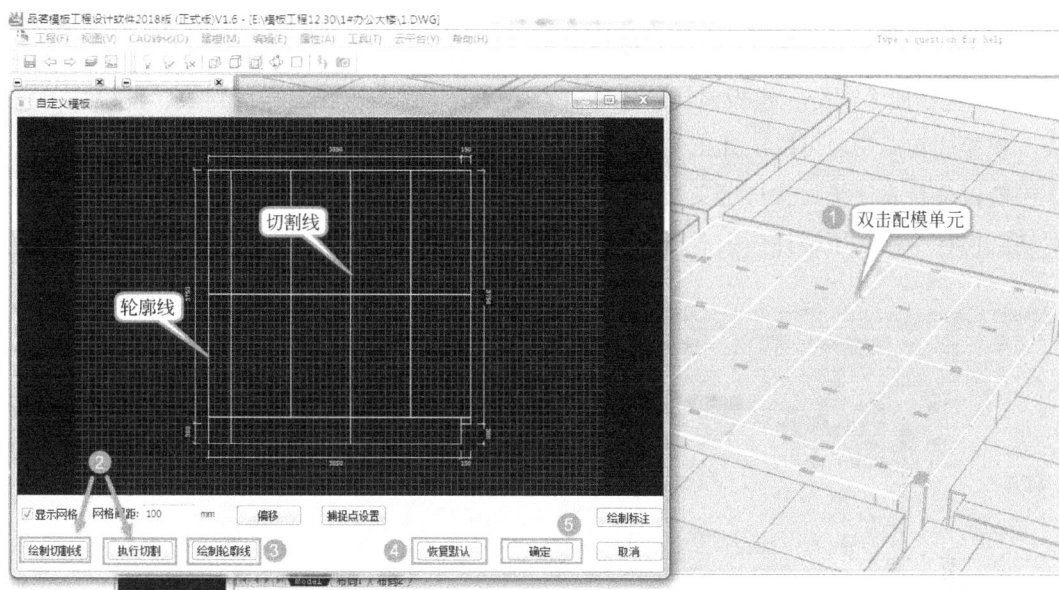

图 3-78　手工修改配模结果

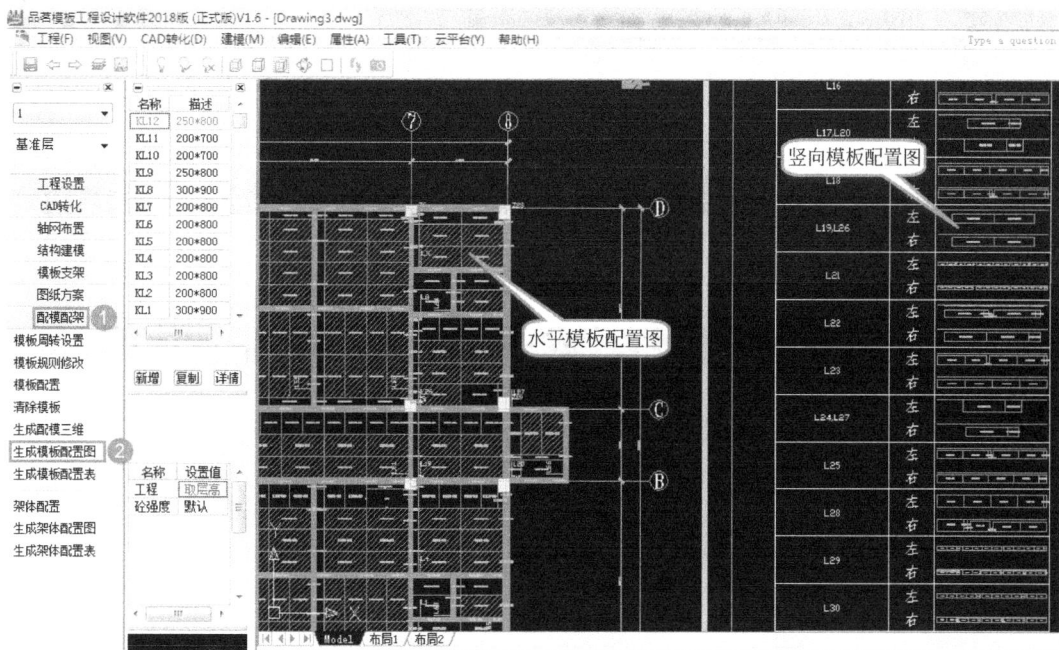

图 3-79　模板配置图生成

模板配置图主要说明板模板编号和尺寸、梁模板编号和底板尺寸以及柱编号等，竖向模板配置图主要说明梁和柱的竖向模板尺寸。本层模板配置图可以保存为 dwg 格式以便工程使用。

（2）模板配置表生成

点击"生成模板配置表"，品茗模板工程设计软件会生成"配模统计反查报表"（图3-80），包括四个部分：模板周转总量表、本层模板总量表、配模详细列表、配模切割列表。模板周转总量表可以统计出各种构件的周转总量，但需要先将统计层进行模板配置；本层模板总量表仅统计含自定义切割损耗量的本层模板总量；配模切割列表（图3-81）对切割损耗率作出了统计。

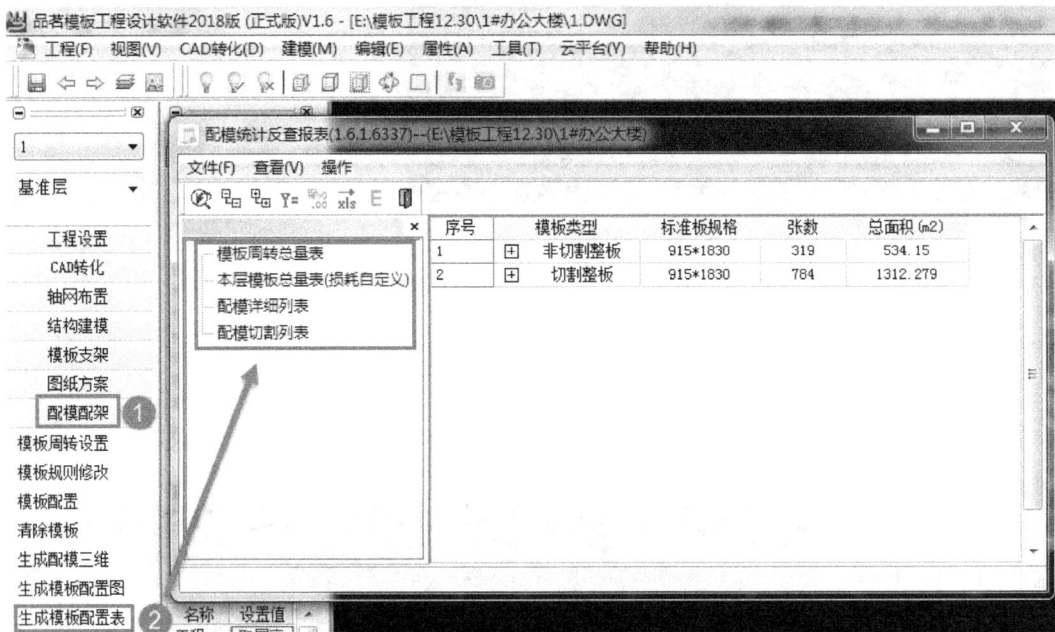

图 3-80　模板配置表生成

图 3-81　配模切割列表

3.7　模板方案制作与成果输出

品茗模板工程设计软件不仅具备生成方案、生成计算书等传统计算软件的功能，还具有自动生成平面图、剖面图、大样图以及材料统计等设计成果智能输出功能。这些功能能够帮助用户极大的提升工作效率、缩短模板工程方案设计时间和成本。

3.7.1　高支模辨识与调整

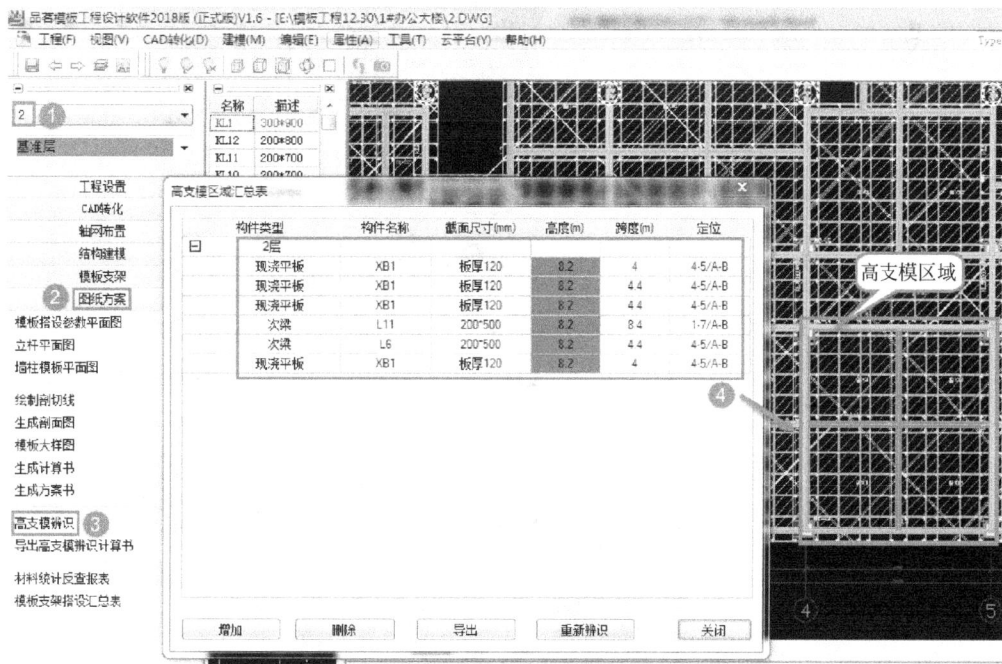

高大支模架工程由于其危险性较高、技术难度较大等原因，按相关规定需要编制专项的施工技术方案并组织论证后实施。所以高大支模架工程专项方案设计是技术方案设计的一个重点、难点。品茗模板工程设计软件除常规的分析设计功能外，还针对高大支模架工程具有辨识高支模、计算、导出搭设参数等功能。

高支模辨识
与调整

（1）首先要找到高支模区域，点击"图纸方案"中"高支模辨识"，按需要选择查找方式，这里选择"整栋"，发现除了楼梯处（因模型中开洞处理，可忽略），在办公楼 2 层发现高支模区域。

（2）选择办公楼第 2 层，如图 3-82 所示，点击"高支模辨识"，选择查找方式"本层"，在"高支模区域汇总表"对话框里出现高支模区域内所有构件信息，点击单个构件信息，视图区中对应构件会显红色。

图 3-82　高支模辨识

（3）对照 3.2.9 节中图 3-18 高支模辨识规则，发现辨识标准第一条：模板支架搭设高度限值为 8m，2 层这块区域在 1 层中开洞所以支架搭设高度为 8.2m，超出标准。

（4）在模板支架整体布置后，对高支模区域进行调整。打开"工程设置"中"工程特征"（如图 3-11），根据工程需要修改梁底、板底立杆纵横向间距，这里最大值均改为 900。然后对高支模区域的梁、板的模板支架进行重新智能布置，最后进行智能优化。高支模区域的方案制作和成果输出同普通模板处，将在下面进行介绍。

3.7.2 计算书生成与方案输出

品茗模板工程设计软件可根据结构模型和布置参数自动生成指定构件的模板支架计算书以及施工方案。计算书和方案的输出可自动读取参数，无需人工干预，且可保存为 doc 格式，以便后续的打印和修改。

计算书生成与
方案输出

1. 计算书生成

如图 3-83 所示，点击"生成计算书"，按照提示选择构件，这里以梁为例，在视图区点击所选构件。此时会生成两份计算书，如图 3-84 所示，一份梁模板，一份梁侧模

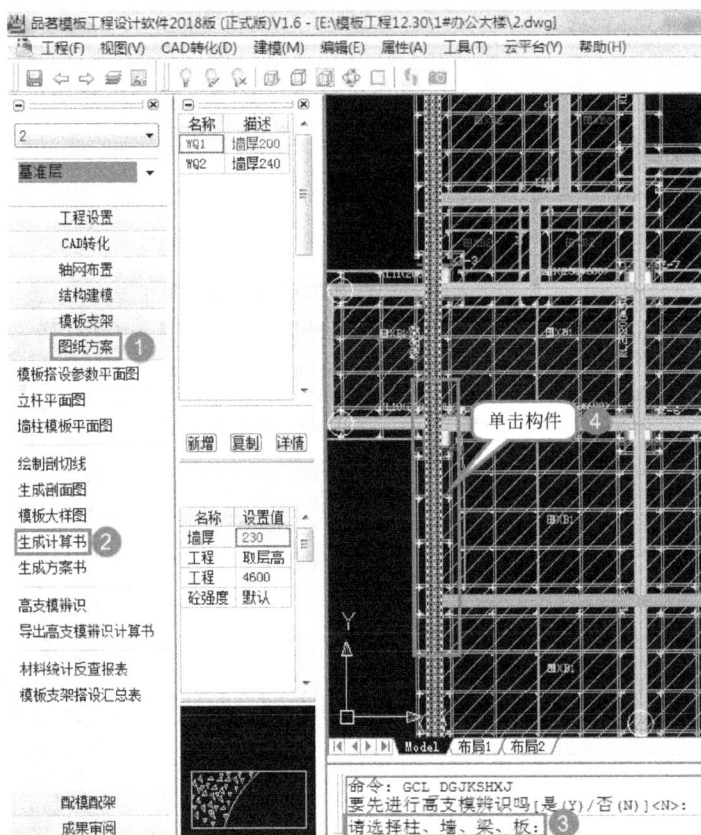

图 3-83　计算书生成

板；点击"合并计算书"，可将两份计算书合并，并在 word 中打开；点击图 3-83 中 3 处，可将当前计算书在 word 中打开；计算书包括计算依据、计算参数、图例、计算过程、评定结论，如果评定结论不合格，还会提供建议和措施。

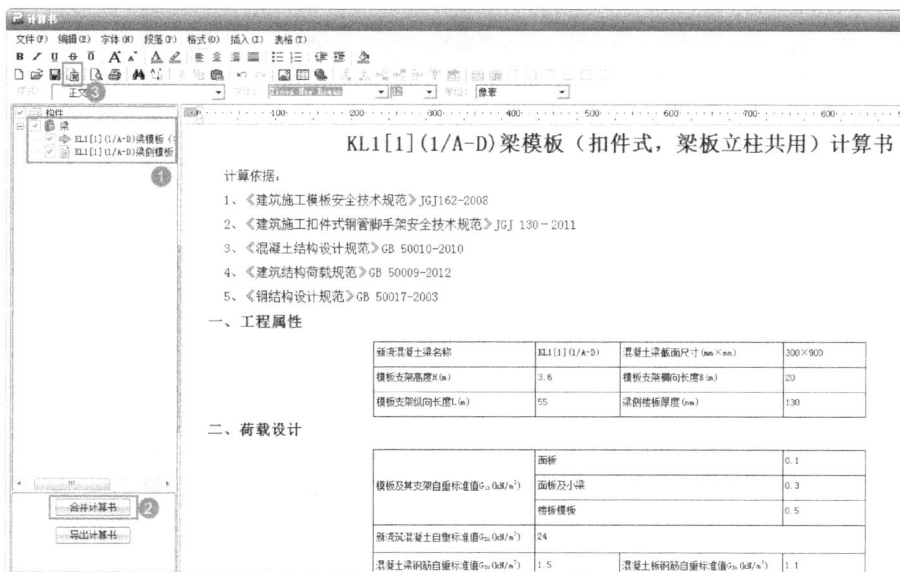

图 3-84　计算书展示

2. 方案输出

点击"生成方案书"，按照提示选择导出方式，"本层"和"整栋"两种导出方式会自动筛选最不利梁、板等构件，生成三份计算书：一份梁模板、一份梁侧模板、一份板模板。这里选用"区域"导出方式，选择一块板做计算，点击板构件，出现方案样式对话框（图 3-85），生成包含计算书的施工方案。

3.7.3　施工图生成

品茗模板工程设计软件利用 BIM 技术可出图的技术特点实现快速输出专业施工图。可生成的施工图包括：模板搭设参数平面图、立杆平面图、墙柱模板平面图、剖面图、模板大样图等，且图纸内可自动绘制尺寸标注、图框等信息，并默认保存为 dwg 格式以便后续应用。

施工图生成

（1）模板搭设参数平面图主要包括梁和板的立杆纵横距、水平杆步距、小梁根数、对拉螺栓水平间距、垂直间距等布置内容；墙柱模板平面图主要介绍墙和柱竖向模板的布置情况。

（2）点击"立杆平面图"，选择导出方式"本层"，生成立杆平面图（见图 3-86），通过图 3-86 中 3 处构件显示控制按钮，打开图中构件，可根据需要选择出现在立杆平面图中的构件。

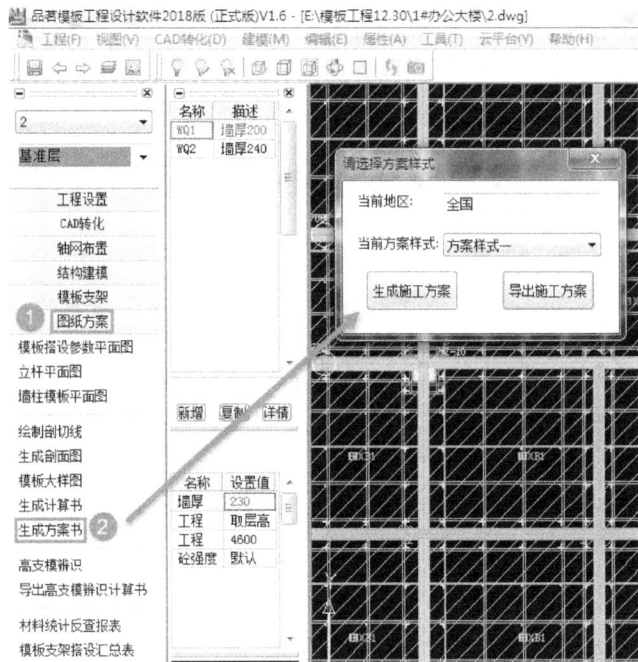

图 3-85　方案生成

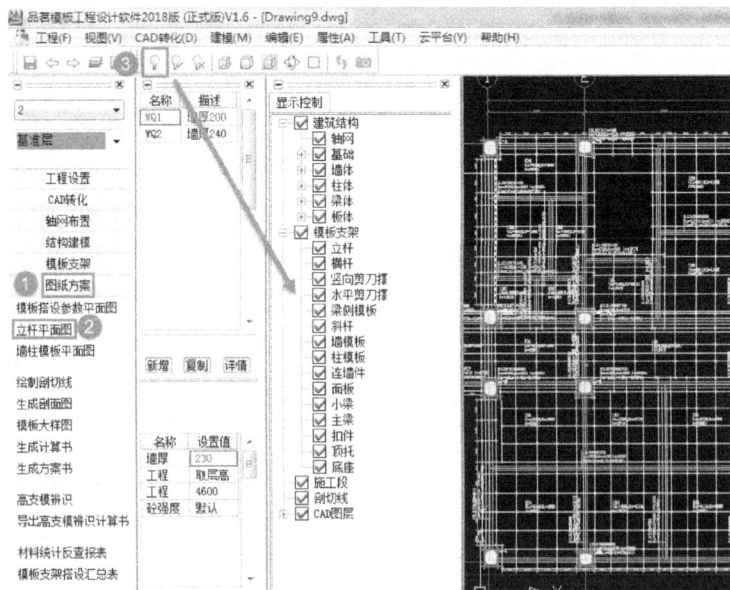

图 3-86　立杆平面图生成

（3）要生成剖面图，需先绘制剖切线。点击"绘制剖切线"，根据提示，选择起点、终点和方向，完成绘制。点击"生成剖面图"，选择导出方式"本层"，然后选择绘制好的剖切线，输入剖切深度。剖切深度是指剖切线位置向剖切方向可投影到剖面图的深度尺寸；剖切深度越大，绘制的内容也越多，生成较好效果的剖面图与剖切深度有密切关系（图 3-87）。

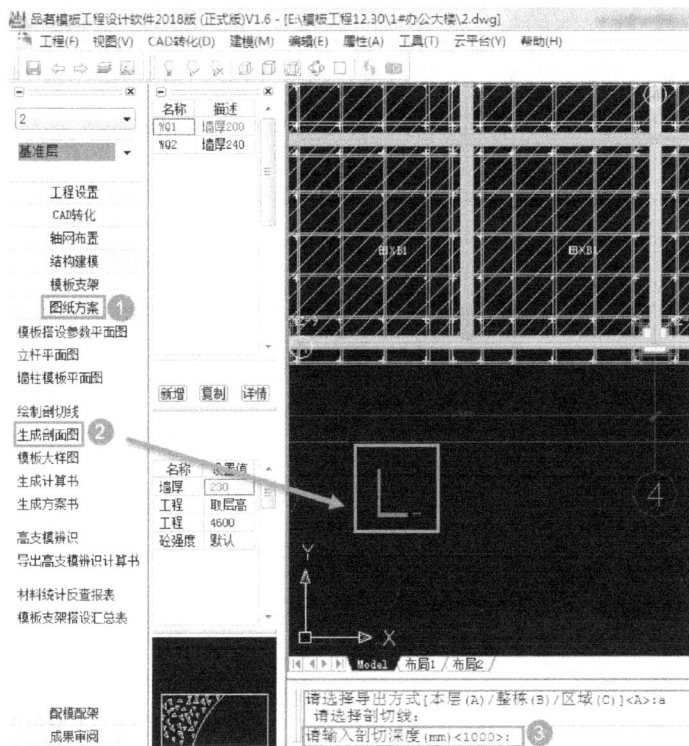

图 3-87　剖面图生成

（4）点击"模板大样图"，点选要生成大样图的构件（可批量生成），输入剖切深度，这里选默认值，确认完成（图 3-88）。

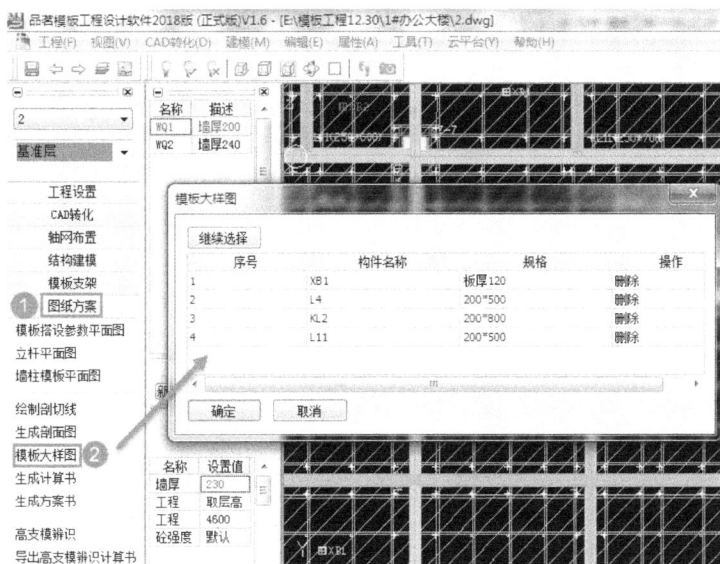

图 3-88　模板大样图生成

3.7.4 材料统计输出与模板支架搭设汇总

品茗模板工程设计软件的材料统计功能可按楼层、结构构件分类别统计出混凝土、模板、钢管、方木、扣件等用量,支持自动生成统计表,可导出 Excel 格式以便实际应用。点击"材料统计反查报表",选择楼层(图 3-89),生成材料统计表(图 3-90),材料表可精确到构件,点击表中构件可进行定位。

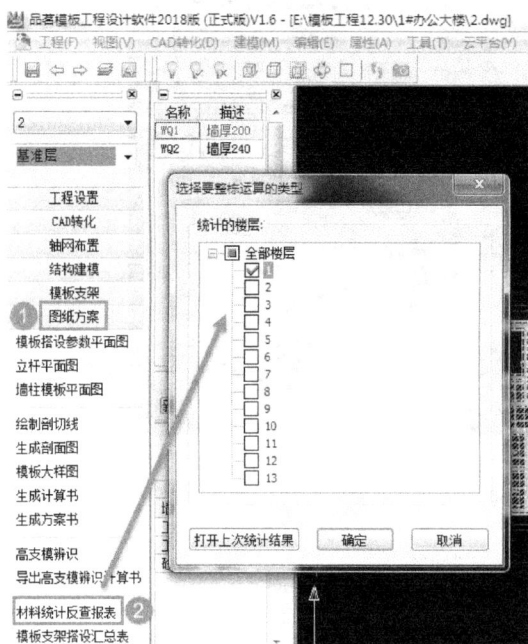

图 3-89 材料统计表生成

材料统计输出与模板支架搭设
汇总及三维成果展示

图 3-90 材料统计表展示

模板支架搭设汇总表操作与材料统计反查报表类似，就不再介绍。

3.7.5 三维成果展示

品茗模板工程设计软件的三维显示功能实现照片级模型渲染效果，支持整栋、整层、任意剖切三维显示，有助于技术交底和细节呈现，支持任意视角的高清图片输出，可用于编制投标文件、技术交底文件等。

如图 3-90 所示，1 处按钮可用来观察本层三维模型，2 处的按钮可用来观察区域三维显示，3 处可通过三维动态观察来全方位观察模型，4 处可返回平面图界面，5 处可在三维模型内进行漫游，6 处可在三维状态任意通过拍照的形式保存图片。点击 1 处按钮，观察本层三维模型，可以看到"选择要本层显示的类型"对话框，勾选要显示的构件即可（图 3-91）。为了不占用较多的电脑资源，模板支架中的扣件一般默认不勾选（图 3-92）。

图 3-91 三维展示

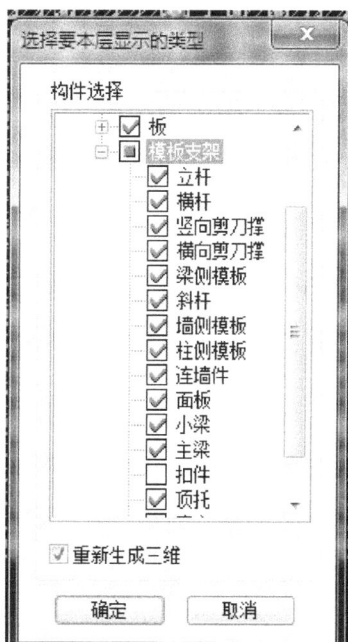

图 3-92 模板支架选项

主要参考文献

[1] 中国建筑工业出版社.建筑模板脚手架标准规范汇编 [M].北京：中国建筑工业出版社，2016

[2] 秦桂娟，魏天义等.建筑工程模板设计实例与安装 [M].北京：中国建筑工业出版社，2010

[3] 潘丽君，陈杭旭.高层建筑专项施工方案实务模拟 [M].北京：中国建筑工业出版社，2016

[4] 傅敏.现代建筑施工技术 [M].北京：机械工业出版社，2009

[5] 胡长明，郭艳.高大模板支架的承载能力及安全应用性能研究 [M].北京：中国建筑工业出版社，2017

[6] 宁仁岐，郑传明.土木工程施工 [M].北京：中国建筑工业出版社，2009

[7] 张厚先，王志清.建筑施工技术 [M].北京：机械工业出版社，2015

[8] 中华人民共和国住房和城乡建设部、中华人民共和国国家质量监督检验检疫总局.混凝土结构工程施工规范（GB 50666—2011）[M].北京：中国建筑工业出版社，2011

[9] 中华人民共和国住房和城乡建设部.建筑施工模板安全技术规范（JGJ 162—2008）[M].北京：中国建筑工业出版社，2008

[10] 中华人民共和国住房和城乡建设部.建筑施工扣件式钢管脚手架安全技术规范（JGJ 130—2011）[M].北京：中国建筑工业出版社，2011

[11] 中华人民共和国住房和城乡建设部.建设工程高大模板支撑系统施工安全监督管理导则 [M].北京：中国建筑工业出版社，2009

[12] 中华人民共和国住房和城乡建设部.危险性较大的分部分项工程安全管理规定 [M].北京：中国建筑工业出版社，2018

[13] 中国建筑标准设计研究院有限公司.混凝土结构施工图-平面整体表示方法制图规则和构造详图（现浇混凝土框架、剪力墙、梁、板）（16G101-1）[M].北京：中国计划出版社，2016